高 等 学 校 教 材

水 力 机 械

（第二版）

西安理工大学　金钟元　编

中国水利水电出版社

内 容 提 要

本书主要论述在建设水电站、水泵站和抽水蓄能电站中所必备的水力机械基本知识。书中重点论述了常用的大中型水轮机的分类、基本构造、工作原理、动力特性及选择；对水轮机的调速设备（包括调速器及油压装置）、叶片式水泵及可逆式水泵水轮机的结构、工作原理、特性及选择也作了必要的论述；并对水轮机、调速设备和水泵的选择计算作了实例介绍。

本书主要作为高等学校水利水电工程建筑专业水力机械课程的教材，并可供有关专业和工程技术人员参考。

图书在版编目（CIP）数据

水力机械/金钟元编 . —2 版 . —北京：中国水利水电出版社，2007（2018.11重印）
高等学校教材
ISBN 978 - 7 - 80124 - 627 - 1

Ⅰ．水…　Ⅱ．金…　Ⅲ．水力机械-高等学校-教材
Ⅳ．TV131.63

中国版本图书馆 CIP 数据核字（2007）第 109687 号

高 等 学 校 教 材
水 力 机 械
（第二版）

西安理工大学　金钟元　编

＊

中国水利水电出版社
（原水利电力出版社）　出版、发行

（北京市海淀区玉渊潭南路 1 号 D 座　100038）
网址：www.waterpub.com.cn
E - mail：sales@waterpub.com.cn
电话：(010) 68367658（营销中心）
北京科水图书销售中心（零售）
电话：(010) 88383994、63202643、68545874
全国各地新华书店和相关出版物销售网点经售
北京瑞斯通印务发展有限公司印刷

＊

184mm×260mm　16 开本　10.75 印张　251 千字
1986 年 6 月第 1 版
1992 年 6 月第 2 版　2018 年 11 月第 16 次印刷
印数 53721—55720 册
ISBN 978-7-80124-627-1
（原 ISBN 7-120-01472-2/TV·533）
定价 **26.00** 元

第 二 版 前 言

本书是根据水电部教育司 1983 年 3 月颁发（试行）的水利水电工程建筑专业中水力机械课程教学大纲和第一版教材在教学实践的基础上进行修订的，修订时针对专业培养目标和从实用的观点对各章内容和例题均作了补充和删节，并力求做到有系统有重点，使读者便于阅读和应用。

由于各院校在教学改革中对水力机械课程的设置和学时的分配有所不同，在采用本教材时可本着加强技术基础课的精神根据具体情况对教材内容作适当的删减和增补。

各院校从事水力机械课程教学工作的老师们对本书第二版的编写提供了宝贵意见，武汉水利电力大学王永年教授对书稿再一次作了详细审阅，又提出了许多宝贵意见，谨在此一并表示衷心感谢。

限于编者的水平，在修订中可能仍会有缺点和错误之处，希望读者给予指正。

编　者
1991 年 5 月

第一版前言

本书是根据水电部教育司 1983 年 3 月颁发（试行）的水利水电工程建筑专业中水力机械教学大纲编写的。考虑到目前的发展和水电建设的需要，书中最后增加了水泵水轮机一章。各校在采用时，可根据具体情况对教材内容进行适当的删减和增补。

本书主要叙述在建设水电站、水泵站和抽水蓄能电站中所必备的水力机械基本知识。全书共分七章，前四章着重叙述了目前常用的大中型水轮机的类型、基本构造、工作原理、特性曲线及选择计算，其中以混流式水轮机和轴流转桨式水轮机作为重点。后三章对水轮机的调速设备（包括调速器及油压装置）、叶片式水泵及水泵水轮机的类型、结构、工作原理、特性及选择计算作了必要的叙述。

本书主要作为水利水电工程建筑专业水力机械课程的教材，并可供有关专业和工程技术人员参考。

本书由武汉水利电力大学王永年副教授审阅，他对书稿提出了许多宝贵意见，谨在此表示衷心感谢。

限于编者的水平，书中的缺点和错误在所难免，希望读者给予指正。

编　者

1984 年 9 月

目　　录

绪　　论

从物理学得知，水流的运动具有动能和势能，而势能又包括位置势能和压力势能，这种水流的运动和水流的能量可以转换为另一种形式的机械运动和机械能；同样，机械运动和机械能也可以转换为水流的运动和水流的能量。水力机械就是实现这种转换的一种机器，将水流能量转换为机械能的机器称为水力原动机，将机械能转换为水流能量的机器称为水力工作机。

由此，水流通过水力机械时能量将发生变化；通过水力原动机时水流的能量将减少，而通过水力工作机时水流的能量将增加。

水轮机是将水流能量转换为转轮旋转机械能的一种水力原动机，它主要利用水流的动能和势能做功，是水电站的主要动力设备，用来带动发电机工作以获取电能。水轮机和发电机联接为一整体，称为水轮发电机组，简称为机组。

水泵是把原动机的机械能传递给水流，使水流能量增加的一种水力工作机，它主要的作用是输送水流。水泵的种类很多，主要有叶片式水泵，容积式水泵和其他类型的水泵（如水锤泵、射流泵等）。其中以叶片式水泵应用最广，它通常是用电动机或内燃机通过泵轴带动水泵的叶轮旋转，旋转着的叶片对水流做功使其能量增加，从而把一定的流量输送到要求的高度或要求有压力的地方。电动机和水泵联接为一整体，称为水泵抽水机组。

水轮机和水泵是现代最重要和最通用的水力机械，水轮机主要用于水力发电，而水泵则在灌溉、排水、工业供水和城市生活用水等方面起着很大作用。

自 1931 年以来，一种可逆式水力机械得到了广泛的应用并取得了很大的发展。这种可逆式水力机械的转轮，当它正向旋转时可以将水流的能量转换为机械能，而在反向旋转时又能将机械能转换为水流能量。水泵水轮机就是一种可逆式水力机械，它应用同一转轮，利用刚体叶片的可逆性质，即可作水轮机运行又可作水泵运行，因而它具有结构紧凑、设备及建筑投资少和运行灵活可靠等优点，所以被广泛应用在抽水蓄能电站上。近年来，随着抽水蓄能电站的大量建设和规模不断扩大，可逆式水泵水轮机也正在向着高效率、高水头和大容量的方向发展。

本书着重论述目前在水电站、供排水系统和抽水蓄能电站中广泛使用的水轮机、叶片式水泵和水泵水轮机，对其他一些水力机械，如水力传动机械（水轮泵等）和水力推进机械（船舶螺旋桨等）等，将不作为本书的内容。

第一章 水轮机的主要类型及其构造

第一节 水轮机的工作参数

水轮机在不同工作状况（以下简称工况）下的性能，通常是用水轮机的工作水头、流量、出力、效率、工作力矩及转速等参数以及这些参数之间的关系来表示，现将这些参数的意义分述如下：

一、工作水头

水轮机的工作水头如图 1-1 所示，水流从上游水库进水口经压力管道流入水轮机做功后，再由尾水管排入下游尾水渠。所以水轮机的工作水头 H（m）应为水轮机进口断面（$B—B$）和尾水管出口断面（$C—C$）处单位重量水流能量之差，当采用下游水面为基准面时，则可写为：

$$H = E_B - E_C \tag{1-1}$$

其中

$$E_B = Z_B + \frac{P_B}{\gamma} + \frac{\alpha_B V_B^2}{2g} \tag{1-2}$$

式中　E_B、E_C——单位重量水流的能量，m；

　　　Z_B——相对于基准面的单位位能，m；

　　　P——压强，N/m^2 或 Pa；

　　　V——过水断面的平均流速，m/s；

　　　α——动能校正系数；

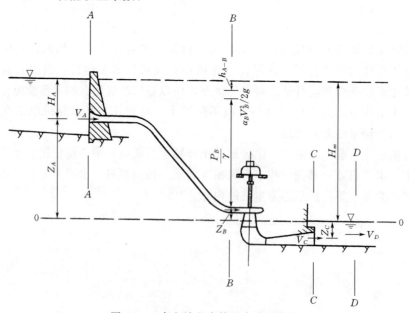

图 1-1　水电站和水轮机水头示意图

γ——水的重度，其值为 9810N/m³；

g——重力加速度，一般为 9.81m/s²。

为了求得单位压力势能 $\dfrac{P_B}{\gamma}$，则可列出上游进水口 A—A 断面和水轮机进口 B—B 断面之间的伯诺里方程式：

$$Z_A + \frac{P_A}{\gamma} + \frac{\alpha_A V_A^2}{2g} = Z_B + \frac{P_B}{\gamma} + \frac{\alpha_B V_B^2}{2g} + h_{A-B} \qquad (1-3)$$

式中 h_{A-B} 是进水口和压力管道中的水头损失，它包括沿程损失和局部损失，这可根据工程情况予以计算。

如果采用相对压力表示，并忽略水电站上、下游表面大气压力的差别，则式（1-3）中 $Z_A + \dfrac{P_A}{\gamma} = Z_A + H_A = H_m$，$H_m$ 称为水电站的毛水头，即上、下游水位之差，于是可以得到

$$\frac{P_B}{\gamma} = H_m - Z_B + \frac{\alpha_A V_A^2}{2g} - \frac{\alpha_B V_B^2}{2g} - h_{A-B} \qquad (1-4)$$

将式（1-4）代入式（1-2），则有

$$E_B = H_m + \frac{\alpha_A V_A^2}{2g} - h_{A-B} \qquad (1-5)$$

对尾水管出口 C—C 断面：

$$E_C = \frac{\alpha_C V_C^2}{2g} - Z_C \qquad (1-6)$$

将式（1-5）及式（1-6）代入式（1-1），则得

$$H = H_m - h_{A-B} + \frac{\alpha_A V_A^2}{2g} - \frac{\alpha_C V_C^2}{2g} + Z_C \qquad (1-7)$$

如果取尾水渠 D—D 断面时：

$$E_D = \frac{\alpha_D V_D^2}{2g} \qquad (1-8)$$

则

$$H = E_B - E_D = H_m - h_{A-B} + \frac{\alpha_A V_A^2}{2g} - \frac{\alpha_D V_D^2}{2g} \qquad (1-9)$$

考虑到上游 A—A 断面和下游 D—D 断面处流速都很小，当忽略其流速水头差时，则水轮机的工作水头为

$$H = H_m - h_{A-B} \qquad (1-10)$$

式（1-10）表明，水轮机的工作水头即等于水电站毛水头扣除压力引水系统中水头损失后的净水头，这也就是水轮机利用的有效水头。

水轮机的工作水头随着水电站上、下游水位的变化也经常发生变化。为此，一般选用几个特征水头来表示水轮机的运行工况和运行范围，特征水头包括最大水头 $H_{\max}$、最小水头 $H_{\min}$、加权平均水头 H_a 和设计水头（也称为计算水头）H_r，这些特征水头由水能计算确定。

二、流量

水轮机的流量是水流在单位时间内通过水轮机的体积，通常用 Q 表示，其单位为 m³/s。水轮机的引用流量主要随着水轮机的工作水头和出力的变化而变化。在设计水头下

水轮机以额定出力工作时其过水流量最大。

三、出力和效率

水头为 H（m），流量为 Q（m^3/s）的水流，通过水轮机时，给予水轮机的输入功率 N_S 为

$$N_S = \gamma QH = 9810QH \quad (\text{W}) \qquad (1-11)$$

在实际应用中，功率通常用 kW 表示：

所以
$$N_S = 9.81QH \quad (\text{kW}) \qquad (1-12)$$

水轮机轴端的输出功率，也称为水轮机的出力，用 N 表示，单位为 kW，由于水流通过水轮机进行能量转换时，产生了水力损失、漏水损失和机械损失，因而水轮机的出力 N 要小于它的输入功率 N_s。把水轮机的出力与其输入功率的比值称为水轮机的效率，用 η 表示：

则
$$\eta = \frac{N}{N_s} \qquad (1-13)$$

$$N = N_s\eta = 9.81QH\eta \quad (\text{kW}) \qquad (1-14)$$

水轮机的效率也常用百分数表示，现代大型水轮机的最高效率可达 90%～95%。

四、工作力矩与转速

水轮机的出力使主轴旋转做功，因而出力亦可用旋转机械运动的公式来表达：

$$N = M\omega = M\frac{2\pi n}{60} = \gamma QH\eta \quad (\text{W}) \qquad (1-15)$$

式中 M 为水轮机主轴上的工作力矩（N·m），它是用来克服发电机对主轴形成的阻力矩。ω 为水轮机旋转角速度（rad/s）。n 为水轮机的转速（r/min），对大中型水轮发电机组，水轮机的主轴和发电机轴都是用法兰和螺栓直接刚性联接的，所以水轮机的转速和发电机的转速相同并符合标准同步转速，即应满足下列关系式：

$$f = \frac{pn}{60} \qquad (1-16)$$

式中　f——电流频率，我国规定为 50Hz；

　　　p——发电机的磁极对数。

所以
$$n = \frac{3000}{p} \quad (\text{r/min}) \qquad (1-17)$$

对不同磁极对数的发电机，其标准同步转速见表 4-7。

对一定的发电机，其磁极对数也一定，因此为了保证供电质量，使电流频率保持 50Hz 不变，在正常情况下，机组的转速亦应保持为相应的固定转速，此转速称为水轮机或机组的额定转速。

第二节　水轮机的主要类型

由于各个水电站上水头、流量和出力的差别往往较大，因此需要设计和制造各种类型

的水轮机以求高效率地适应不同情况的需要，从而达到充分利用水力资源的目的。

不同类型的水轮机，其水流能量转换的特征也不一样。水轮机的转轮是将水流能量转换为旋转机械能的核心部分，如图 1-2 所示，取转轮进口点①和转轮出口点②，则转轮所利用的单位水重的能量 H 即为①点和②点的能量之差，当忽略其间的水力损失时可用下式表示：

$$H = \left(Z_1 + \frac{P_1}{\gamma} + \frac{\alpha_1 V_1^2}{2g}\right) - \left(Z_2 + \frac{P_2}{\gamma} + \frac{\alpha_2 V_2^2}{2g}\right) \tag{1-18}$$

上式亦可写为

$$\frac{\left(Z_1 + \frac{P_1}{\gamma}\right) - \left(Z_2 + \frac{P_2}{\gamma}\right)}{H} + \frac{\alpha_1 V_1^2 - \alpha_2 V_2^2}{2gH} = 1$$

令

$$\frac{\left(Z_1 + \frac{P_1}{\gamma}\right) - \left(Z_2 + \frac{P_2}{\gamma}\right)}{H} = E_P$$

$$\frac{\alpha_1 V_1^2 - \alpha_2 V_2^2}{2gH} = E_C$$

即

$$E_P + E_C = 1 \tag{1-19}$$

式 (1-19) 表明水轮机所利用的水流能量为水流势能量 E_P 与水流动能量 E_C 的总和。

若 $E_P = 0$，则 $E_C = 1$，这种完全利用水流动能工作的水轮机称为冲击式水轮机。

若 $0 < E_P < 1$，$E_P + E_C = 1$，这种同时利用水流动能和势能工作的水轮机称为反击式水轮机。

由此，按水流作用原理可将水轮机分为反击式和冲击式两大类，而每一大类又有多种不同型式的水轮机，现分述如下。

一、反击式水轮机

反击式水轮机的转轮是由若干个具有空间扭曲面的刚性叶片组成，当压力水流通过整个转轮时，由于弯曲叶道迫使水流改变其流动的方向和流速的大小，因而水流便以其势能和动能给叶片以反作用力，并形成旋转力矩使转轮转动。

反击式水轮机按转轮区水流相对于主轴的方向不同又可分为混流式、轴流式、斜流式和贯流式水轮机。

1. 混流式水轮机

混流式水轮机，如图 1-2 所示，水流流经转轮时，以辐向从四周进入转轮而以轴向流出转轮，故称为混流式水轮机。这种水轮机的适用水头范围为 30～700m，由于其适用水头范围广，而且结构简单，运行稳定，效率高，所以是现代应用最广泛的一种水轮机。我国刘家峡水电站 30 万 kW 和龙羊峡水电站 32 万 kW 的水轮发电机组应用的就是这种水轮机。

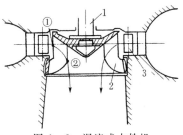

图 1-2　混流式水轮机
1—主轴；2—叶片；3—导叶

2. 轴流式水轮机

轴流式水轮机，如图1-3所示，这种水轮机的水流在进入转轮之前，流向已经变得与水轮机主轴中心线平行，因此水流在经过转轮时沿轴向进入而又依轴向流出，所以称为轴流式水轮机。

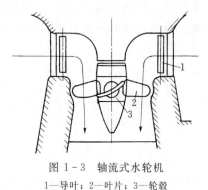

图1-3 轴流式水轮机
1—导叶；2—叶片；3—轮毂

轴流式水轮机按其叶片在运行中能否转动的情况又可分为定桨式和转桨式两种：轴流定桨式水轮机在运行时其叶片是固定不动的，因而其结构简单，但当水头和流量变化时，其效率相差较大，所以多应用在负荷变化不大，水头和流量比较固定的小型水电站上，其适用水头范围一般为3～50m；轴流转桨式水轮机在运行时转轮的叶片是可以转动的，并和导叶的转动保持一定的协联关系，以适应水头和流量的变化，使水轮机在不同工况下都能保持有较高的效率，因此轴流转桨式水轮机多应用在大中型水电站上，其应用水头范围为3～80m，我国长江葛洲坝水电站上17万kW和12.5万kW的水轮发电机组应用的就是这种水轮机。

3. 斜流式水轮机

斜流式水轮机，如图1-4所示，水流流经转轮时倾斜于轴向，故称为斜流式水轮机。这种水轮机转轮的叶片也是可以转动的，叶片的轴线与主轴轴线斜交，因而与轴流转桨式水轮机相比较就能装置较多的叶片（一般轴流式水轮机为4～8片，斜流式水轮机为8～12片），适用水头范围也有所提高，一般为40～120m。1969年我国制成了第一台斜流式水轮机并在毛家村水电站安装运行，其容量为8000kW，图1-4即为该水轮机的剖面图。1973

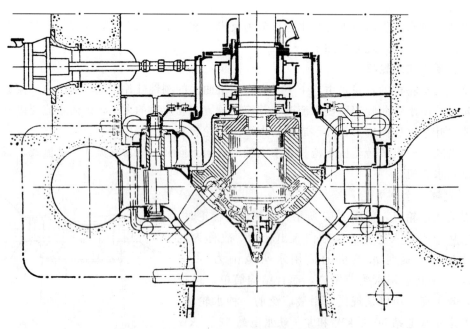

图1-4 XL003—LJ—160斜流式水轮机剖面图

年为密云水电站制成了 15000kW 的斜流式水泵水轮机。目前正在向高水头大容量方面发展。

4. 贯流式水轮机

当轴流式水轮机的主轴装置成水平或倾斜，而且不设置蜗壳，使水流直贯转轮，这种水轮机称为贯流式水轮机，它是开发低水头水力资源的新型机组，适用于水头小于 20m 的情况。由于发电机装置方式的不同，这种水轮机又可分为全贯流式和半贯流式两大类。

如图 1-5 所示，将发电机转子安装在转轮外缘时称为全贯流式水轮机。它的优点是水力损失小，过流量大，结构紧凑，但由于转子外缘线速度过大，而且密封十分困难，故应用较少。

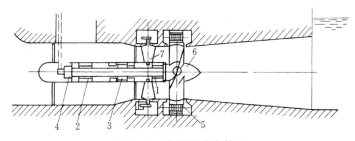

图 1-5　全贯流式水轮机

1、2—径向轴承；3—推力轴承；4—受油器；5—发电机转子与外围的定子；

6—水轮机转轮；7—圆盘式导叶

为了避免上述问题，发电机可采用轴伸式、竖井式和灯泡式装置，采用这种装置的水轮机统称为半贯流式水轮机。

轴伸式装置，如图 1-6 所示，其特点是将水轮机主轴向下游伸出尾水管以外，并与安装在尾水管外面的发电机相联接。

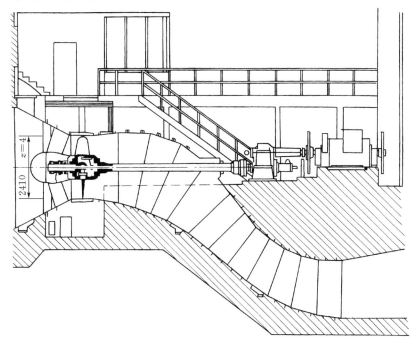

图 1-6　轴伸贯流式机组

竖井式装置，如图1-7所示，其特点是将发电机布置在混凝土竖井内，水轮机布置在竖井下游，两者以主轴直接联接，上游来水可从两边绕过竖井进入水轮机转轮。

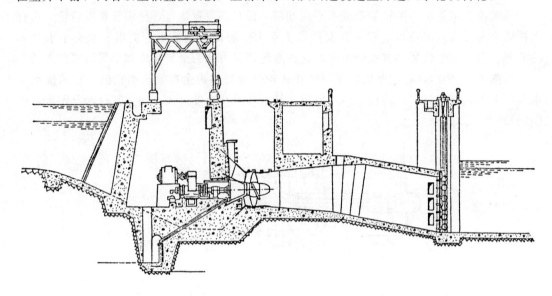

图 1-7　竖井贯流式机组

灯泡式装置，如图1-8所示，其特点是将发电机布置在灯泡型的密闭机壳内并与壳体下游的水轮机直接联接，此时水流可从四周绕过壳体进入水轮机。

前两种半贯流式水轮机结构简单，发电机的安装、运行和检修都较方便，但由于应用水头较低，效率也低，机组容量不大，故多应用于小型水电站中。后一种灯泡贯流式机组，由于其结构紧凑，流道平直，过流量大，多适用于较大容量的机组。我国马迹塘水电站的设计

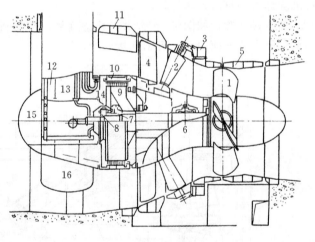

图 1-8　灯泡贯流机组

水头为 6.2m，应用的就是这种机组，其单机容量为 2 万 kW，过水流量为 362m³/s。

二、冲击式水轮机

冲击式水轮机主要由喷管和转轮组成。来自钢管的高压水流通过喷管端部的喷嘴变为具有高速的自由射流，此时射流内的压力为大气压力，而且在整个工作过程中都不发生变化。当射流冲击转轮时，从进入到离开转轮的过程中，其速度的大小和方向也都发生变化，因而将其动能传给转轮，并形成旋转力矩使转轮转动。冲击式水轮机按射流冲击转轮的方式不同又可分为水斗式、斜击式和双击式三种。

1. 水斗式水轮机

水斗式水轮机，如图1-9所示，其特点是由喷嘴出来的射流沿圆周切线方向冲击转轮上的水斗而做功，它的适用水头范围为100～2000m。

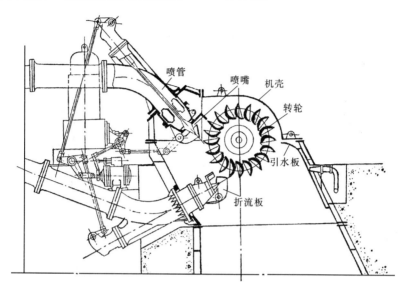

喷管　喷嘴　机壳　转轮　引水板　折流板

图1-9　水斗式水轮机

2. 斜击式水轮机

斜击式水轮机如图1-10所示，其特点是由喷嘴出来的射流，是沿着与转轮平面成某一α角（约为22.5°）的方向冲击转轮，它的实用水头范围为25～300m。

3. 双击式水轮机

双击式水轮机如图1-11所示，其特点是由喷嘴出来的射流首先从转轮外缘冲击叶片，接着水流又自内缘再一次冲击叶片，它的适用水头范围为5～80m。

斜击式和双击式水轮机构造简单，但效率较低，因而多用于小型水电站。水斗式水轮机效率高，工作稳定，适用水头范围广，因而是现代最常用的一种冲击式水轮机，我国磨坊沟水电站安装运行的水斗

图1-10　斜击式水轮机

式水轮发电机组，其单机容量为12500kW，设计水头为458m；最近在广西天湖水电站安装的水斗式水轮发电机组，其单机容量为12625kW，设计水头$H=1022.4$m，设计流量为1.8 m^3/s，额定转速为780r/min，是我国应用水头最高的水斗式水轮机。

根据以上所述，现将各类水轮机归纳简列于下：

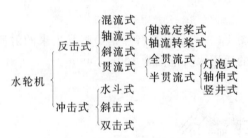

$$\text{水轮机}\begin{cases}\text{反击式}\begin{cases}\text{混流式}\\\text{轴流式}\begin{cases}\text{轴流定桨式}\\\text{轴流转桨式}\end{cases}\\\text{斜流式}\\\text{贯流式}\begin{cases}\text{全贯流式}\\\text{半贯流式}\begin{cases}\text{灯泡式}\\\text{轴伸式}\\\text{竖井式}\end{cases}\end{cases}\end{cases}\\\text{冲击式}\begin{cases}\text{水斗式}\\\text{斜击式}\\\text{双击式}\end{cases}\end{cases}$$

对于抽水蓄能电站所应用的可逆式水轮机,通常有混流式、斜流式、轴流式和贯流式。

大中型水电站的水轮发电机组大都采用竖向立式装置,水轮机轴和发电机轴的中心线均在同一铅垂线上,通过法兰盘用螺栓刚性联接。这样,使发电机安装的位置较高不易受潮,机组的传动效率高,安装、拆卸、维护管理方便,而且水电站厂房占地面积小,也易于布置。

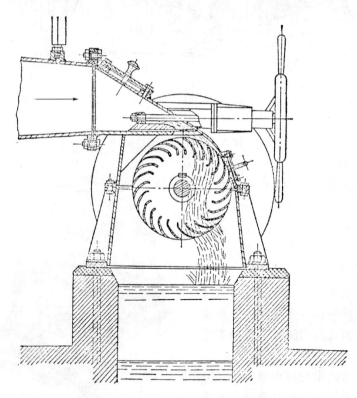

图 1-11 双击式水轮机

第三节 水轮机的基本构造

现代水轮机一般是由进水设备、导水机构、转轮和出水设备所组成。对于不同类型的水轮机,上述四个组成部分在型式上都具有其特点,其中转轮是直接将水能转换为旋转机械能的过流部件,它对水轮机的性能、结构、尺寸等都起着决定性的作用,是水轮机的核心部分。

现将大中型水电站上常用的几种主要水轮机的基本构造分述如下:

一、混流式水轮机的构造

图1-12是一混流式水轮机的结构图，图1-13是沿水轮机蜗壳中心的水平剖面图。

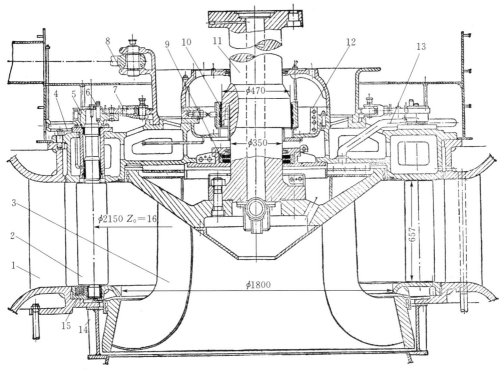

图 1-12　混流式水轮机结构图

1—座环；2—导叶；3—转轮；4—顶盖；5—拐臂；6—键；7—连杆；8—控制环；9—密封装置；
10—导轴承；11—主轴；12—油冷却器；13—顶盖排水管；14—基础环；15—底环

水流压力通过进水设备——蜗壳，流经座环1，导叶2，进入转轮3，经过转轮做功后再由转轮下部的出水设备——尾水管排入下游。为了密封水流和支承导水机构，在转轮上部设有顶盖4并固定在座环上。水轮机的主轴11下端用法兰和螺栓与转轮相联接，上端与发电机轴相联接。

1.转轮

如图1-14所示，混流式水轮机的转轮是由上冠1，叶片2，下环3，止漏环4、5，及泄水锥6等组成。

上冠的外形与圆锥体相似，其上有与主轴联接的法兰，法兰周围有几个减压孔，将冠体上、下的水流连成通路，以减小作用在转轮和顶盖之间的轴向水压力。在上冠下端固定着的泄水锥，

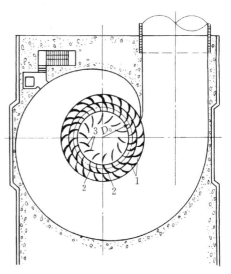

图 1-13　混流式水轮机水平剖面图
1—座环；2—导叶；3—转轮

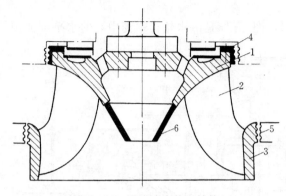

图 1-14 混流式水轮机转轮

1—上冠；2—叶片；3—下环；4、5—止漏环；6—泄水锥

是用以引导水流顺利地形成轴向流动，以消除水流的撞击和漩涡。

叶片的上端与上冠相固定，下端与下环相固定，三者焊接为一整体。叶片呈扭曲状，其断面为翼形，叶片的数目通常为 14～19 片，均匀分布在上冠与下环之间。

止漏环也称为迷宫环，它由固定部分与转动部分组成。为了防止高压水流在转动与固定部分之间的间隙中向上或向下漏出，所以在上冠与下环的外缘处安装着止漏环的转动部分，它与相对应的固定部分之间形成一连串忽大忽小的沟槽或梳齿的直角转弯，使水流受到很大的阻力而不易通过，以达到减小漏水损失的目的。

2. 导水机构

导水机构的主要作用是根据机组负荷变化来调节水轮机的流量，以达到改变水轮机输出功率的目的，并引导水流按必须的方向进入转轮，形成一定的速度矩。通常导水机构是由导叶及其转动机构（包括转臂、连杆和控制环等）所组成，而控制环的转动是由油压接力器来操作的，如图 1-15 和图 1-17 所示。

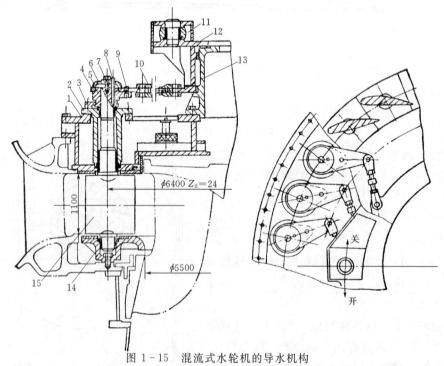

图 1-15 混流式水轮机的导水机构

1—顶盖；2—套筒；3—止推压板；4—连接板；5—转臂；6—端盖；7—调节螺钉；8—分半键；
9—剪断销；10—连杆；11—推拉杆；12—控制环；13—支座；14—底环；15—导叶

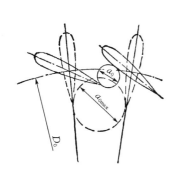

图 1-16 导叶的开度

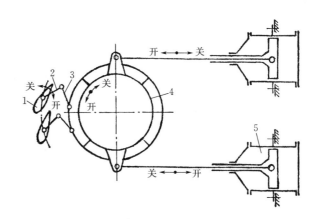

图 1-17 接力器工作原理

1—导叶；2—转臂；3—连杆；4—控制环；5—接力器

在图 1-15 中，导叶 15 均匀分布在转轮的外围，导叶轴的上、下两端分别支承在底环 14 和顶盖 1 的轴套中，为减小水力损失，导叶的断面设计成翼形断面。导叶可以随其轴转动，改变导叶的开度 a_0（相邻两导叶之间可以通过的最大圆柱体直径），就可改变通过水轮机的流量，如图 1-16 所示。当 $a_0=0$ 时，导叶首尾相接，处于关闭位置，流量为零，则可使水轮机停止转动。导叶在结构上的最大开度是发生在当导叶处于径向位置的情况，但水轮机在这种开度下工作时水力损失很大，所以在实际运行中，导叶允许的最大开度 a_{0max} 应根据水轮机的效率变化和出力的限制来确定。

导叶的转动是通过其转动机构来实现的，每个导叶轴的上端穿过水轮机的顶盖并用分半键 8 与转臂 5 连成整体，如图 1-15 所示，转臂通过连接板 4，剪断销钉 9 和连杆 10 与控制环 12 相铰接。当接力器的油压活塞移动时，推拉杆 11 带动控制环转动，使导叶的开度 a_0 亦随之发生变化。

当导叶被其他东西卡住而不能关闭时，则会严重影响水轮机的工作，因此在导叶转动机构中还必须设有安全装置，这种装置是通过剪断销钉来实现的。如图 1-15 所示，由于剪断销的受剪断面被车小，所以当导叶被卡住不能关闭时，则接力器的油压增大，使导叶转动机构在薄弱环节剪断销钉处剪断，被卡住的导叶便脱开转动机构可自由摆动，而其余的导叶仍能继续关闭。

在水轮机停止运行时，导叶必需关闭严密，否则会加大漏水损失，并加剧因间隙汽蚀而产生的破坏，因此就要求减小停机时的导叶间隙。导叶在关闭时，导叶头部和相邻导叶尾部之间所形成的间隙称为立面间隙，导叶上端与顶盖之间、下端与底环之间的间隙称为端面间隙。为减小这些间隙通常所采用的措施是在导叶头部、顶盖和底环上镶嵌橡皮条密封，如图 1-18 所示。

导叶的主要参数有：

图 1-18 导叶密封

1、2—端面密封；3—立面密封

13

1）导叶数 Z_0：导叶数一般与水轮机直径有关，当转轮直径 $D_1 = 1.4\sim2.25m$ 时，采用 $Z_0 = 16$；当 $D_1 = 2.5\sim7.5m$ 时，采用 $Z_0 = 24$。

2）导叶高度 b_0：导叶高度 b_0 是与水轮机过水流量有关的参数，对混流式水轮机 $b_0 = 0.1\sim0.39D_1$；对轴流式水轮机 $b_0 = 0.35\sim0.45D_1$。

3）导叶轴分布圆直径 D_0：此直径应该满足导叶在最大开度时不致于碰到转轮叶片。

3. 座环

座环位于导叶的外围，它是由上、下碟形环和中间若干立柱组成的整体铸钢件，如图 1-19 所示。在机组安装完毕之后，座环顶部承受着发电机混凝土机墩及其传来的荷载，外缘与蜗壳焊接，内缘与顶盖和底环相固定。这样座环在整个水轮机中起着骨架作用，并把所承受的荷载传递到下部基础上去，因此设计上要求座环应有足够的强度和刚度。

图 1-19　座环

自压力钢管引来的水流通过蜗壳，绕流经过座环立柱和导叶，然后以辐向均匀地进入转轮。为了减小水力损失，立柱的断面也作成翼形，由于它很像导叶但不能转动，所以称为固定导叶，导水机构中的导叶也就称为活动导叶，固定导叶的数目一般为活动导叶的一半。

混流式水轮机的进水设备是蜗壳，出水设备是尾水管，它们和其他反击式水轮机的情况相类似，这将在后面第四章中专门论述。

二、轴流转桨式水轮机

图 1-20 是轴流转桨式水轮机的立面结构图，可以看出除转轮和转轮室以外，其他部分均与混流式水轮机相类似。这种水轮机的特点是具有较高的转速，在水头和容量相同的条件下，其转速约为混流式水轮机的两倍，因而其尺寸较小；另一特点是转轮的叶片可以转动，并使这种转动与导叶的开度相适应，从而在水头和负荷变化时水轮机均能保持有较高的效率。以下着重介绍这种轴流转桨式水轮机的转轮、转轮室及叶片的转动机构。

从图 1-20 中可以看出，转轮主要是由叶片 12 和轮毂 13 所组成，上部与主轴的下法兰以螺栓联接，下部与泄水锥 16 相联接。转轮的周围是转轮室 11，由于室壁经常受到很大的脉动水压力，所以室内壁镶有钢板里衬并用锚筋固定在外围混凝土中。转轮室的内表面在叶片轴线以上通常为圆柱面，为了方便地安装和起吊转轮；在轴线以下为球面，为了保证在叶片转动时具有较小的间隙以减小漏水损失。

图 1-21 为轴流转桨式水轮机转轮叶片的平面图和剖面图，可以看出，叶片的表面为曲面，圆柱断面为翼形，它像悬臂梁一样承受着水流作用的巨大扭矩，所以叶片作得根部较厚边缘较薄。为了与轮毂配合，在叶片的根部还作有一个球面法兰。叶片的数目主要依水头的大小来确定，一般为 $4\sim8$ 片。叶片转动的角度简称转角，以 φ 表示，并取在最优工况时的转角 $\varphi = 0°$ 作为起算位置，如图 1-22 所示，当 $\varphi > 0°$ 时，叶片的斜度增加，叶片向开启方向转动；当 $\varphi < 0°$ 时，叶片的斜度减小，叶片向关闭方向转动。叶片由负到正的

14

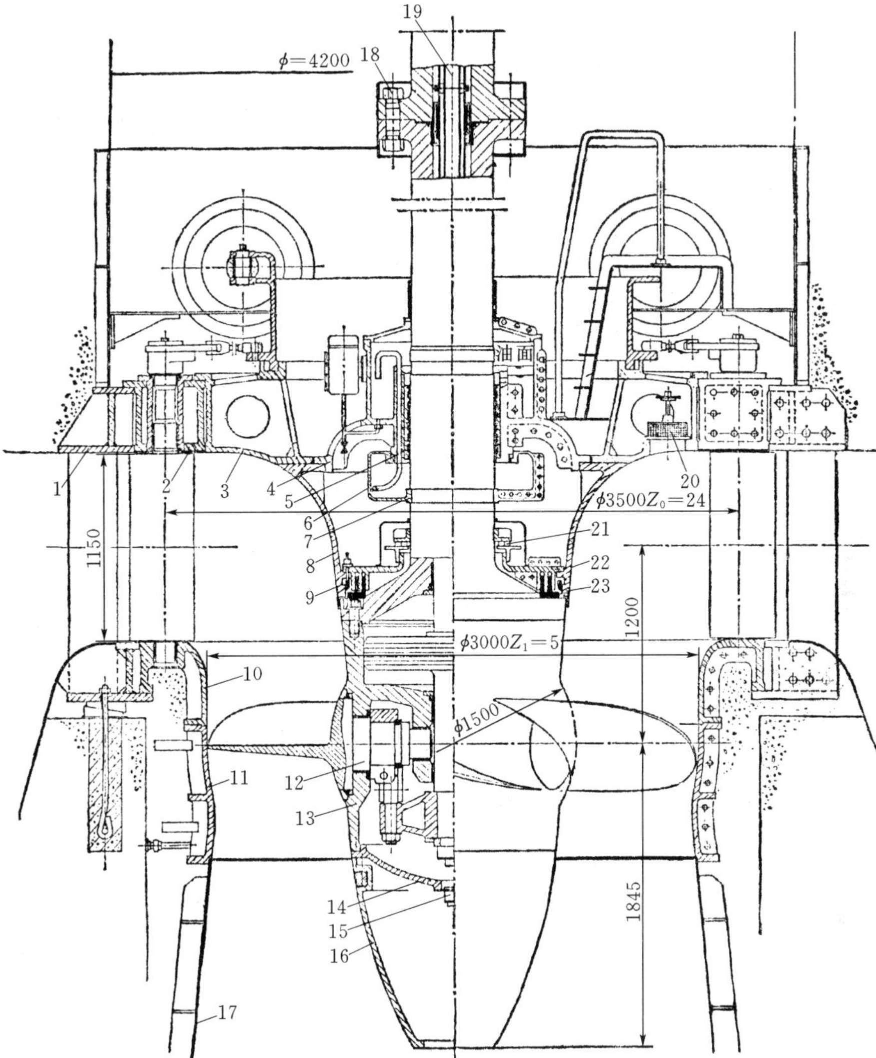

图 1-20 轴流转桨式水轮机结构图

1—座环；2—顶环；3—顶盖；4—轴承座；5—导轴承；6—升油管；7—转动油盆；8—支承盖；9—橡皮
密封环；10—底环；11—转轮室；12—叶片；13—轮毂；14—轮毂端盖；15—放油阀；16—泄水锥；
17—尾水管里衬；18—主轴连接螺栓；19—操作油管；20—真空破坏阀；
21—炭精密封；22、23—梳齿形止漏环

转角一般在 $-15°\sim+20°$ 之间。

　　叶片的转动机构装在轮毂内，其动作是由调速器自动控制的，并使叶片的转角 φ 与导叶的开度 a_0 相协联动作。图 1-23 是一种带有操作架的叶片传动机构示意图，当压力油进入活塞 9 的上方（下方便排油），就推动活塞下移，活塞杆 8 亦随之一起下移，同时带动操作架 7 下移，与操作架相连的连杆 6 下移，这样就拉着转臂 5 的右端围绕枢轴 2 转动，由于枢轴、转臂和叶片均固定为一整体，所以叶片 1 在枢轴带动下向下旋转，使叶片之间的开度增大。反之，接力器活塞向上移动，叶片的开度则减小。

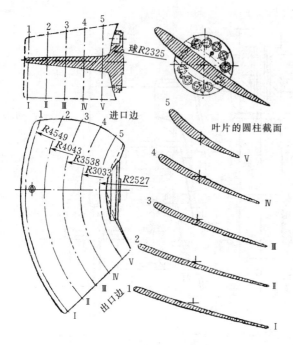

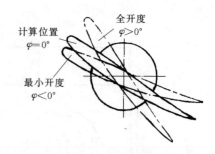

图 1-22 轴流转桨式水轮机叶片的转动

轮毂的外部连接着叶片,内部安装着叶片的转动机构,因此轮毂的直径必然要增大,这会形成对水流的排挤,使水轮机的工作条件恶化,所以轮毂的直径 d_B 一般限制为 $d_B =$ (0.33～0.55) D_1。

三、斜流式水轮机的构造

斜流式水轮机的结构与尺寸介于混流式和轴流式水轮机之间,它除了

图 1-21 轴流转桨式水轮机的叶片

转轮和转轮室之外,其他部分如蜗壳、座环、导水机构和尾水管等也都与混流式水轮机和高水头的轴流式水轮机相同。如图 1-4 所示,斜流式水轮机的转轮包括叶片、轮毂及其中的叶片转动机构。轮毂的外壳绝大部分为球面,叶片的转动轴线与水轮机主轴的中心线呈 45°～60° 的锥角,这样就可以在轮毂上装置较多的叶片,其数目一般为8～14 片。

斜流式水轮机的叶片是可以转动的并和导叶保持协联动作,叶片的转动机构目前国内外采用的有两种型式,即刮板式与连杆式操作机构,前者密封情况较复杂。图 1-24 为一

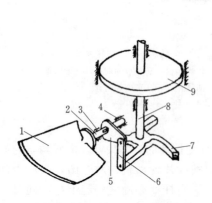

图 1-23 叶片转动机构示意图

1—叶片;2—枢轴;3、4—轴承;5—转臂;
6—连杆;7—操作架;8—活塞杆;9—活塞

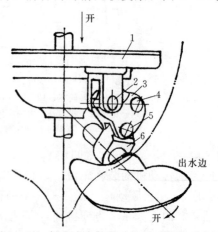

图 1-24 斜流式水轮机叶片转动机构示意图

1—接力器活塞;2、4、5—销钉;
3—双转臂;6—转臂

连杆式操作机构的示意图，它是由接力器、双转臂、转臂和销钉等组成。其动作过程是：当接力器活塞 1 向下移动时，双转臂 3 以销钉轴 4 为轴逆时针方向旋转，此时销钉 2 在双转臂的上部槽口滑动，并推动转臂 6 使叶片顺时针方向转动，使叶片之间的开度增大；当向相反方向动作时，叶片的开度则减小或关闭。

斜流式水轮机转轮室的内壁也作成球面并镶以钢板，以保证与叶片外缘之间有最小的间隙（一般为 $0.001 \sim 0.0015 D_1$），减小漏水损失。但要注意防止转轮由于轴向水推力和温度变化等所引起的轴向位移，使叶片与转轮室相碰。对此所采取的措施是装设轴向位移的继电保护装置，以便在超出允许位移值时紧急停机。

由于斜流式水轮机装置了更多的可转动的叶片，因此它比轴流转桨式水轮机更能适应较高的水头和较大幅度的水头变化，而比起混流式水轮机更能适应负荷的变化，并保持有较宽广的高效率区。

四、灯泡贯流式水轮机的构造

灯泡贯流式水轮机的构造，如图 1-8 所示，这种水轮机即是一没有蜗壳的、卧式装置的轴流转桨式水轮机，与水轮机主轴直接联接的发电机装在前面的灯泡形壳体内，壳体由前支柱 16 和座环固定导叶 4 所支撑，其中在顶部的一个前支柱中间作成空心，在内部布置有检修人孔 13、管路通道 12 和电缆通道 14。导叶 2 呈斜向圆锥形布置，由控制环 3 和导叶转动机构操作其改变开度。水流由左边引入，绕过灯泡体，经过座环、导叶进入水轮机转轮 1，转轮叶片的外围是转轮室，转轮室上部的盖板 5 可以吊开以检修转轮，右端与尾水管相连接。机组的主轴由径向轴承 6、7 来支承，由推力轴承 8 来限制其轴向位移。9、10 分别为发电机的转子和定子，11 为发电机的检修人孔。

当水轮发电机组的容量较大时发电机的尺寸会很大，尤其当水头越低转速越小时则显得更为突出，这会导致灯泡壳体的尺寸过大而难以布置。解决这一问题的措施是在水轮机轴与发电机轴之间用齿轮增速器来传动，增速传动机构能把发电机转速提高到水轮机转速的 $5 \sim 10$ 倍，便可缩小发电机的尺寸，减小了灯泡壳体的直径，从而改善了水流条件。但齿轮增速器的结构复杂，加工精度高，所以目前仅用于小型机组。

五、水斗式水轮机的构造

水斗式水轮机的构造，如图 1-9 所示，水斗式水轮机是由喷管、折流板、转轮、机壳及尾水槽等组成。高压水流自引水管引入喷管，经过喷嘴将水流的压能转变为射流的动能，高速射流冲击转轮做功后，可自由落入尾水槽流向下游河道。

水斗式水轮机的转轮如图 1-25 所示，它是由轮盘和沿轮盘圆周均匀分布着的叶片所组成，叶片的形状像水斗，如图 1-26 所示，因此称为水斗式水轮机。水斗是由两个半勺形的内表面 1 和略带倾斜的出水边形成，中间用分水刃 6 分开。为了避免前一水斗妨碍射流冲击后来的工作水斗，在叶片的尖端留有缺口 2，缺口的大小由射流直径确定。为了增强水斗的强度和刚度，在水斗背面 3 上加有横筋 7 和纵筋 8。水斗与轮盘联接的方式有螺栓联接、整体铸造和焊接等，对大

图 1-25 水斗式水轮机转轮

中型水轮机多采用后两种。

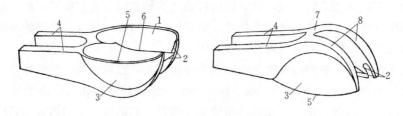

图 1-26 水斗各部名称

1—内表面；2—缺口；3—背面；4—水斗柄；5—出水边；6—分水刃；7—横筋；8—纵筋

图 1-27 是喷管的结构图。喷管是由喷嘴、喷管体、导水叶栅、喷针头，喷针杆及其操作机构所组成。喷嘴是由喷嘴口 1 和喷嘴头 2 所组成，并与喷管体 4 相连接，在喷管体内装有导水叶栅 5，其作用是引导压力水流使之沿喷针杆 6 的轴线方向均匀流动，同时也起到支承喷针杆的作用。射流流量的改变是改变喷针 3 与喷嘴口之间的过水断面来实现的：当喷针头向外伸时，则喷嘴口的过水断面减小，射流流量减小，当喷针头伸到极限位置时，喷嘴口完全关闭，流量为零；当喷针头向后退时，流量也从而增大。喷针杆的移动是由调速器所控制的操作机构 8 来进行，平衡弹簧 7 的作用是抵消喷针头朝关闭方向的水推力。

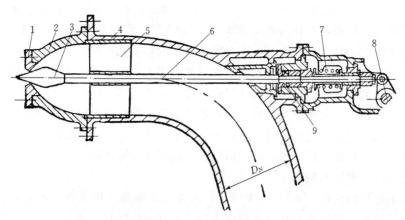

图 1-27 喷管结构图

1—喷嘴口；2—喷嘴头；3—喷针头；4—喷管体；5—导水叶栅；6—喷针杆；
7—平衡弹簧；8—操作机构；9—密封装置

喷针头在喷嘴内的移动构成了针形阀门（简称针阀）以控制水轮机的过水流量。当机组突然丢弃全部负荷时，若针阀快速关闭则会形成水管内过大的水击压力，若增大针阀的关闭时间又会使机组的转速急剧升高，为此在喷嘴外边装置了可以转动的折流板，如图 1-9 所示。当机组丢弃全部负荷时，折流板首先转动，在 1～2s 内使射流全部偏向，不再冲击转轮，此时针阀可缓慢地在 5～10s 或更长一些时间内关闭。

机壳的作用是把水斗中排出的水引导入尾水槽内，由于在机壳上还固定着喷管和轴承等，因而要求机壳有一定的刚度，所以机壳一般均为铸钢件。为了防止水流随转轮飞溅到上方造成附加损失，在机壳内还设置了引水板，如图 1-9 所示。

水斗式水轮机工作时，由于水流在以主轴中心到射流中心为半径的圆周上切向冲击转轮，所以水斗式水轮机也称为切击式水轮机。水斗式水轮机的装置方式有卧轴式和立轴式两种。对一定水头和容量的机组，当增加喷嘴数目对，可以增加机组的转速，从而减小机组的尺寸，降低机组的造价。

中小型水斗式水轮机通常采用卧轴式装置，为了使结构简化，一般一个转轮上只配置1～2个喷嘴，当需要增加到4个喷嘴时，转轮就需要增加到两个，如图1-28中（a）、（b）和A、B所示；对大型多采用立轴式装置，这样不仅使厂房占地面积减小，而且也便于装设较多的喷嘴和双转轮，如图1-28中的（c）、C和（d）、D所示。

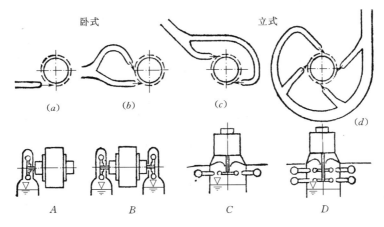

图 1-28　水斗式水轮机的装置方式

第四节　水轮机的型号及标称直径

为了统一水轮机的品种规格以便于提高产品质量，增加生产，也便于选择使用，我国对水轮机的型号作了统一规定。规定型号由以下三部分组成，各部分之间用一短横线分开：

第一部分是由两个汉语拼音字母和阿拉伯数字组成，前者代表水轮机型式（表1-1），后者是转轮型号（用比转速表示）。

第二部分是由水轮机主轴布置型式与进水设备特征的代表符号组成，这些符号也都采用汉语拼音字母表示，见表1-2。

表 1-1　　　水轮机型式的代表符号

水轮机型式	代表符号	水轮机型式	代表符号
混流式	HL	贯流定桨式	GD
轴流转桨式	ZZ	冲击（水斗）式	CJ
轴流定桨式	ZD	双击式	SJ
斜流式	XL	斜击式	XJ
贯流转桨式	GZ		

注　对可逆式水轮机，在水轮机型式代号后增加汉语拼音字母"N"。

表 1-2　　主轴布置型式与进水设备特征的代表符号

名　称	代表符号	名　称	代表符号
立轴	L	明槽	M
卧轴	W	罐式	G
金属蜗壳	J	竖井式	S
混凝土蜗壳	H	虹吸式	X
灯泡式	P	轴伸式	Z

第三部分是水轮机的标称直径 D_1（以 cm 为单位）和其他必要的指标组成。

对水斗式水轮机，型号的第三部分规定按下列方式表示：

$$\frac{水轮机转轮的标称直径}{作用在每一转轮上的喷嘴数目×射流直径}$$

各型水轮机转轮的标称直径（以下简称转轮直径）规定如下（图 1-29）：

1）对混流式水轮机是指转轮叶片进口边上最大直径。

2）对斜流式水轮机和轴流式水轮机是指与转轮叶片轴心线相交处的转轮室内径。

3）对水斗式水轮机是指转轮与射流中心线相切处的节圆直径。

对于水轮机转轮直径 D_1 的规定系列尺寸可参看表 4-6。

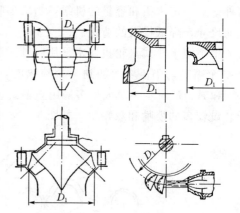

图 1-29　各型水轮机的转轮标称直径

下面举例说明水轮机型号的表示及意义：

1）HL220—LJ—550，表示混流式水轮机，转轮型号（比转速）为 220，立轴，金属蜗壳，转轮直径为 550cm。

2）ZZ560—LH—800，表示轴流转桨式水轮机，转轮型号为 560，立轴，混凝土蜗壳，转轮直径为 800cm。

3）XLN200—LJ—300，表示斜流可逆式水轮机，转轮型号为 200，立轴，金属蜗壳，转轮直径为 300cm。

4）GD600—WP—250，表示贯流定桨式水轮机，转轮型号为 600，卧轴，灯泡式进水室，转轮直径为 250cm。

5）$2CJ30-W-\dfrac{120}{2×10}$，表示一根轴上有两个转轮的水斗式水轮机，转轮型号为 30，卧轴，转轮直径为 120cm，每个转轮上有两个喷嘴，射流直径为 10cm。

第二章 水轮机的工作原理

第一节 水流在反击式水轮机转轮中的运动

对于水流在反击式水轮机转轮中的运动，这里着重讨论水流在稳定工况下的运动，即水轮机的水头、流量、出力和转速都保持不变。为了研究上的方便，还认为水流在蜗壳、导水机构、尾水管中的流动以及在转轮中相对于转动叶片的运动也都属于恒定流动，即不随时间的推移而改变其运动状态。

水流流经水轮机转轮时，由于叶道形状的复杂，而转轮本身又在旋转，所以其流动是一种复杂的空间流动，对不同型式的水轮机由于转轮形状的不同，因而就必须分别研究其不同几何特性下的水流运动规律。为了分析上的方便，对旋转着的叶片式水轮机中的水流运动，常用圆柱坐标系（r、z、φ）来描述。如图2-1所示，r轴是沿着垂直于水轮机轴线的半径方向，z轴和水轮机轴线一致，r轴和z轴组成的平面称为轴向平面（简称轴面），角度φ是从某一基准面起算的表示轴面位置的坐标。

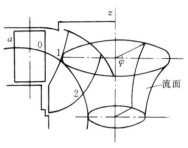

图2-1 混流式水轮机
转轮内的水流运动

一、混流式水轮机转轮中的水流运动

对于混流式水轮机，如图2-1所示，水流由辐向流动转为轴向流动的变化是在转轮中进行的，因此水流经过转轮时可以近似地认为是沿着无数个喇叭形回转流面上的流动，若忽略水的黏性，还可以认为这些流面之间是互不干扰的。

在作了上述假定之后，水流在转轮中的运动有所简化，但相邻叶片之间还保持有相当的宽度，而这种宽度随着水流的方向还有所变化。这样水流在转动着的叶道中运动时，在叶片背面（凸面）压力减小而流速增大，在叶片正面（凹面，即工作面）压力增大而流速减小，因而形成转轮中任一点的压力和流速都随着其空间坐标的位置而变化。考虑到混流式水轮机转轮叶片的数目较多，而叶片的厚度与流道的宽度相比又很小，所以又假定转轮是由无限多、无限薄的叶片组成。这样就可以认为转轮中的水流运动是均匀的，而且是轴对称的，即同一圆周上各水流质点的压力和速度相等、方向相同，叶片正反面的压力差和流速差为零。

叶片翼形断面的中心线称为骨线，在作了上述假定后，翼形就成为无厚的骨线，水流通过转轮时，流线也就和骨线的形状完全一致，因此就可以用流线法来进行水轮机工作过程和最佳翼型的研究。

现取一中间流面，并在流面上取一流线进行分析。在图2-1上给出了水流质点沿流线a—0—1—2的流动情况：a点和0点分别为流线在导叶处的进口点与出口点；1点和2点分别为流线在转轮处的进口点与出口点。将流线与叶片相割的流面展开，即得出翼形断面图，如图2-2所示。叶片翼形断面的骨线与圆周切线的夹角在进口处用β_{e1}表示，称为叶片进口安放角；在出口处用β_{e2}表示，称为叶片出口安放角。

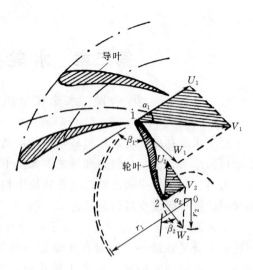

水流质点进入转轮后，一面沿叶片流动，一面又随着转轮的转动而旋转，因而构成了一种复合运动：水流质点沿叶片的运动称为相对运动；水流质点随转轮的旋转运动称为牵连运动；水流质点相对于大地的运动称为绝对运动。每种运动相应的水流质点速度也分别称为相对速度，用W表示；牵连速度（也称为圆周速度），用U表示；绝对速度，用V表示。

流经叶道相对速度W的方向与叶片相切；圆周速度U的方向与圆周相切；相对速度W

图2-2　流面展开图

与圆周速度U合成了绝对速度V，其方向与大小可通过作平行四边形或三角形的方法求得，如图2-3所示。上述三种速度所构成的三角形称为水轮机的速度三角形。相对速度W与圆周速度U之间的夹角用β表示，称为相对速度W的方向角；绝对速度V与圆周速度U之间的夹角用α表示，称为绝对速度V的方向角。

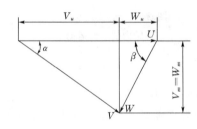

由此可以得出，水流质点在转动着的叶片上流过时，在任一点都可构成速度三角形，该速度三角形应满足下列矢量关系式：

$$V=U+W \qquad (2-1)$$

在图2-2上还绘出了转轮进、出口的速度三角形，用阴影线表示，带脚标"1"的是进口速度三角形，带

图2-3　速度三角形

脚标"2"的是出口速度三角形。

绝对速度V的正交分量为V_u、V_z、V_r，如图2-4所示，而径向分量V_r和轴向分量V_z的矢量和为V_m，V_m为轴面分速，于是则有

$$V=V_u+V_z+V_r=V_u+V_m \qquad (2-2)$$

由于相对速度W与绝对速度V处于同一平面上，故对相对速度W亦可作同样的分解：

$$W=W_u+W_z+W_r=W_u+W_m \qquad (2-3)$$

由图2-3及图2-4上的关系亦可得出

$$V_m=W_m，V_r=W_r，V_z=W_z$$

而且 $$V_u=W_u+U \qquad (2-4)$$

由此可知，速度三角形表达了水流质点在转轮中的运动状态，它是分析水流对水轮机工作的主要方法之一。

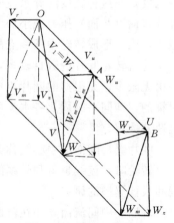

图2-4　速度三角形各速度分量的关系

二、轴流式水轮机转轮中的水流运动

对于轴流式水轮机，水流沿轴向流进转轮，同时又依轴向流出转黏轮，如图 2－5 （a）所示。可以假定为以主轴中心线为轴线的圆柱面流动，当忽略水流的黏性时，则亦可认为这种圆柱层面的流动是互不干扰的，即水流没有径向速度，$V_r = 0$，在轴面内只有轴向速度 V_z。因此在每个圆柱面上任一点的速度三角形矢量关系式 $V = U + W$ 中则有

$$V = V_u + V_z, \quad W = W_u + W_z \tag{2－5}$$

轴面速度 $\qquad\qquad\qquad\qquad V_m = V_z = W_m = W_z$

这样，转轮中任一点的速度即可由轴向和沿圆周向两个速度分量确定。将水流运动的圆柱面与叶片相割的层面展开，便可得到一个平面叶栅的绕流图，如图 2－5（b）所示，在叶栅上亦可绘制出转轮进、出口速度三角形以进行水流对转轮工作的分析，其中 $U_1 = U_2 = U$。

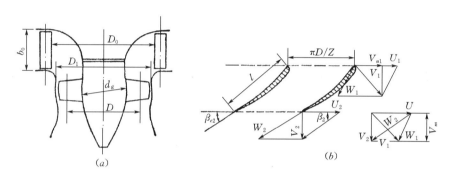

图 2－5　轴流式水轮机的进、出口速度三角形

第二节　水轮机工作的基本方程式

对反击式水轮机，压力水流以一定的速度和方向流进转轮时，由于空间扭曲叶片所形成的叶道对水流产生约束，使水流不断地改变其运动的速度和方向，因而水流给叶片以反作用力迫使转轮旋转做功。为了进一步从理论上分析水流能量在水轮机转轮中转变为旋转机械能的实质，可应用动量矩定律来说明，即单位时间内水流质量对水轮机主轴动量矩的变化应等于作用在该质量上全部外力对同一轴的力矩总和。

由于进入转轮中的水流被认为是均匀轴对称的入流，因此可取整个转轮的流态来进行分析。水流质量的动量矩与水流的速度成正比，转轮中水流的绝对速度 V 可以分解为三个正交分量，即 V_u、V_z、V_r，其中 V_r 通过轴心，V_z 又与主轴平行，所以两者都不对主轴产生速度矩，由此根据动量矩定律得出

$$\frac{\mathrm{d}(mV_u r)}{\mathrm{d}t} = \sum M_w \tag{2－6}$$

式中　m——$\mathrm{d}t$ 时间内通过水轮机转轮的水体质量，当进入转轮的有效流量为 Q_e 时，

$\qquad\qquad$ 则 $m = \dfrac{\gamma Q_e}{g} \mathrm{d}t$；

$\qquad r$——半径；

$\sum M_w$——作用在水体质量 m 上所有外力对主轴力矩的总和。

当水轮机在稳定工作时，转轮中的水流运动认为是恒定流动，则速度矩 $V_u r$ 并不随时间而变化；又根据水流连续定律，进入转轮和流出转轮的流量不变，均为有效流量 Q_e。

因此单位时间内水流流进转轮外缘的动量矩为 $\dfrac{\gamma Q_e}{g} V_{u1} r_1$，如图 2-2 所示，流离转轮内缘的动量矩为 $\dfrac{\gamma Q_e}{g} V_{u2} r_2$，所以在单位时间内水流质量 m 动量矩的增加 $\dfrac{\mathrm{d}(mV_u r)}{\mathrm{d}t}$ 应等于此质量在转轮出口与进口间的动量矩之差，即

$$\frac{\mathrm{d}(mV_u r)}{\mathrm{d}t} = \frac{\gamma Q_e}{g}(V_{u2} r_2 - V_{u1} r_1) \qquad (2-7)$$

对于式 (2-6) 右端的外力矩 $\sum M_w$，首先分析可能作用在水流质量上有哪些外力，并接着讨论这些外力形成力矩的情况：

1）转轮叶片的作用力：此作用力迫使水流改变其运动的方向与流速的大小，因而对水流产生作用力矩 M_O。

2）转轮外的水流在转轮进、出口处的水压力：此压力对转轮轴是对称的，压力作用线通过轴心，不产生作用力矩。

3）上冠、下环内表面对水流的压力：由于这些内表面均为旋转面，故此压力也是轴对称的，不产生作用力矩。

4）重力：水流质量重力的合力与轴线重合，也不产生作用力矩。

另外还有控制面的摩擦力，由于其数值很小可不考虑。这样作用在水流质量上的外力矩就仅有转轮叶片对水流作用力所产生的力矩 M_O，即 $\sum M_w = M_O$。

水流对转轮的作用力矩 M，根据作用力与反作用力的定律，它与上述外力矩 M_O 在数值上相等而方向相反，即 $M = -M_O$，则有

$$M = \frac{\gamma Q_e}{g}(V_{u1} r_1 - V_{u2} r_2) \qquad (2-8)$$

式 (2-8) 给出了水轮机中水流能量转换为旋转机械能的基本平衡关系，它说明了水流在转轮中交换能量是由于速度矩的改变，而转换能量的大小则取决于水流在转轮进、出口处速度的大小，也取决于转轮流道的形状和叶片的翼型。

为了应用上的方便，常将这种机械力矩乘以转轮旋转的角速度 ω，用功率的形式来表达，这样可得出水流作用在转轮上的功率为

$$N = M\omega = \frac{\gamma Q_e}{g}(V_{u1} r_1 - V_{u2} r_2)\omega \qquad (2-9)$$

亦即
$$N = \frac{\gamma Q_e}{g}(U_1 V_{u1} - U_2 V_{u2})$$

又水流通过水轮机的有效功率为

$$N = \gamma Q_e H \eta_S \qquad (2-10)$$

式中　η_S——水流通过水轮机时的水力效率。

将式 (2-10) 代入式 (2-9) 得

$$H\eta_S = \frac{\omega}{g}(V_{u1} r_1 - V_{u2} r_2) \qquad (2-11)$$

亦可写为
$$H\eta_S = \frac{1}{g}(U_1 V_{u1} - U_2 V_{u2})$$ (2-12)

或
$$H\eta_S = \frac{1}{g}(U_1 V_1 \cos\alpha_1 - U_2 V_2 \cos\alpha_2)$$ (2-13)

式（2-11）~式（2-13）均称为水轮机工作的基本方程式，只是表达的形式有所不同。当水轮机旋转的角速度 ω 保持一定时，则上列方程式说明了单位重量水流的有效出力和水流在转轮进、出口速度矩的改变相平衡，所以水流速度矩的变化是转轮做功的依据。

水轮机工作的基本方程式还可用环量的形式来表示。转轮的速度环量 $\Gamma = 2\pi V_u r$，可以看作是速度 V_u 沿圆周所做的功。将式（2-11）右端同时乘、除以 2π 后得

$$H\eta_S = \frac{\omega}{2\pi g}(2\pi V_{u1} r_1 - 2\pi V_{u2} r_2)$$

$$= \frac{\omega}{2\pi g}(\Gamma_1 - \Gamma_2)$$ (2-14)

式中进口速度环量 Γ_1 主要由导水机构形成，出口速度环量 Γ_2 可由设计要求确定，所以水流在转轮中能量的转换亦是由其环量的改变所形成的，其大小与转轮进、出口的速度和方向有关。

又由进、出口速度三角形的关系得

$$W_1^2 = U_1^2 + V_1^2 - 2U_1 V_1 \cos\alpha_1$$

$$= U_1^2 + V_1^2 - 2U_1 V_{u1}$$

$$W_2^2 = U_2^2 + V_2^2 - 2U_2 V_2 \cos\alpha_2$$

$$= U_2^2 + V_2^2 - 2U_2 V_{u2}$$

将上列关系代入式（2-12）或式（2-13）得

$$H\eta_S = \frac{V_1^2 - V_2^2}{2g} + \frac{U_1^2 - U_2^2}{2g} + \frac{W_2^2 - W_1^2}{2g}$$ (2-15)

式（2-15）又是另一种形式的水轮机基本方程式，它明显地给出了水轮机有效水头与速度三角形中各项速度之间的关系：公式右端第一项为水流作用在转轮上的动能水头；第二、三项为势能水头，它主要用以克服旋转产生的离心力及加速转轮中水流的相对运动，从形式上看势能水头表示为压能的变化。

对轴流式水轮机，上式中 $U_1 = U_2$，此时水轮机的有效水头则包含由绝对速度引起的动能变化和由相对速度引起的压能变化。

总之，以上几种形式的水轮机工作的基本方程式都给出了单位重量水流的有效出力与转轮进出口水流运动参数之间的关系，它们实质上也都表明了水流能量转换为旋转机械能的平衡关系，可作为转轮和叶片翼型设计的主要依据。

第三节　水轮机的效率及最优工况

一、水轮机的效率

水轮机将水流的输入功率转变为输出的旋转机械功率（即轴功率）的过程中存在有各

种损失，其中包括有水力沿程损失和局部损失，漏水容积损失和机械摩擦损失等。由此使水轮机的输出功率小于输入功率，输出功率与输入功率之比称为水轮机的效率。因而水轮机的总效率是由水力效率、容积效率和机械效率组成，现分述如下：

1. 水轮机的水力损失及水力效率

水流经过水轮机的蜗壳、导水机构、转轮及尾水管等过流部件时产生摩擦、撞击、涡流、脱流及尾水管出口等损失，统称为水力损失，这种损失与流速的大小、过流部件的形状及其表面的糙度有关。

设水轮机的工作水头为 H，通过水轮机的水头损失为 $\sum h$，则水轮机的有效水头为 $H - \sum h$。水轮机的水力效率 η_s 为有效水头与工作水头的比值，即

$$\eta_s = \frac{H - \sum h}{H} \tag{2-16}$$

2. 水轮机的容积损失及容积效率

在水轮机运行的过程中有一小部分流量 $\sum q$ 从水轮机固定部分与转动部分之间的间隙（如混流式水轮机上、下止漏环间隙；轴流式和斜流式水轮机叶片与转轮室之间的间隙等）中流出，这部分流量没有对转轮作功，所以称为容积损失。设进入水轮机的流量为 Q，则水轮机的容积效率 η_r 为

$$\eta_r = \frac{Q - \sum q}{Q} \tag{2-17}$$

3. 水轮机的机械损失及机械效率

在扣除水力损失与容积损失后，便可得出水流作用在转轮上的有效功率 N_e 为

$$N_e = 9.81(Q - \sum q)(H - \sum h) = 9.81QH\eta_s\eta_r \quad (\text{kW}) \tag{2-18}$$

转轮将此有效功率 N_e 转变为水轮机的轴功率 N 时，其中还有一小部分功率 ΔN_j 消耗在各种机械损失上，如密封及轴承处的摩擦损失、转轮外表面与周围水体之间的摩擦损失等，由此得出水轮机的机械效率 η_j 为

$$\eta_j = \frac{N_e - \Delta N_j}{N_e} \tag{2-19}$$

则水轮机的输出轴功率 $N = N_e - \Delta N_j = N_e\eta_j$，即

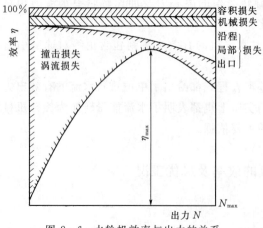

$$N = 9.81QH\eta_s\eta_r\eta_j$$

所以水轮机的总效率 η 为

$$\eta = \eta_s\eta_r\eta_j \tag{2-20}$$

故　　$N = 9.81QH\eta$　（kW）(2-21)

从以上分析可知，水轮机的效率与水轮机的型式、尺寸及运行工况等有关。所以要从理论上确定出效率的数值是很困难的，目前所采用的方法是首先进行模型试验，然后将模型试验所得出的效率值经过理论换算，以得出原型水轮机的效率。

图 2-6 给出了反击式水轮机在转轮

图 2-6　水轮机效率与出力的关系

直径 D_1、转速 n 和工作水头 H 一定的情况下，当改变其流量时效率和出力的关系曲线。在该图上也标出了各种损失随出力变化的情况。

二、水轮机的最优工况

由图 2-6 中可以看出，在反击式水轮机的各种损失中水力损失是主要的，容积损失和机械损失都比较小而且基本上是一定值。而在水力损失中，撞击损失和涡流损失所占的比值较大，尤其是当水轮机在以满负荷或以较小负荷工作时，这种情况则更甚，因此很有必要研究这种撞击、涡流损失产生的情况和改善的措施。

水轮机的撞击损失主要发生在转轮叶片进口处，当在某一工况下，在转轮进口速度三角形里，水流相对速度 W_1 的方向角 β_1 与转轮叶片的进口安放角 β_{e1} 相一致，即 $\beta_1 = \beta_{e1}$ 时，则水流平行于叶片的骨线紧贴叶片表面进入转轮而不发生撞击和脱流现象，如图 2-7（b）所示，这样使进口水力损失最小，从而也提高了水轮机的水力效率，此一工况称为无撞击进口工况。在其他工况下 $\beta_1 \neq \beta_{e1}$，则水流在转轮

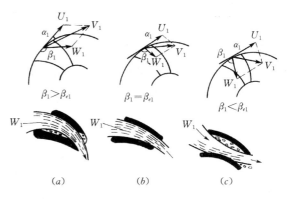

图 2-7 转轮进口处的水流运动

进口将产生撞击，造成撞击损失，使水流不能平顺畅流，如图 2-7（a）、（c）所示，从而降低了水轮机的水力效率。

水轮机的涡流损失主要发生在转轮叶片出口处。同样，当在某一工况下，在转轮出口速度三角形里，当水流绝对速度 V_2 的方向角 $\alpha_2 = 90°$，如图 2-8（a）所示，即 V_2 垂直于 U_2 时，$V_{u2} = 0$，$\Gamma_2 = 0$，水流离开转轮时没有旋转并依轴向流出，不产生涡流现象和涡流损失，从而也提高了水轮机的水力效率，这一工况称为法向出口工况。当 $\alpha_2 \neq 90°$ 时，则 $V_{u2} \neq 0$，如图 2-8（b）、（c）所示，此时出口的旋转分速 V_{u2} 在尾水管中将引起涡流损失，使效率下降。当 V_{u2} 增大到某一数值时，尾水管中将会出现偏流真空涡带，引起水流压力脉动，形成水轮的汽蚀与振动。

如上所述，当水轮机同时在满足 $\beta_1 = \beta_{e1}$ 和 $\beta_2 = 90°$ 的工况下工作时，则水流在转轮进

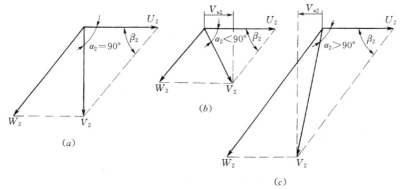

图 2-8 转轮出口速度三角形

口无撞击损失、出口无涡流损失，此时水轮机的效率最高，所以将这一工况称为水轮机的最优工况。在选择水轮机时，应注意尽可能地使水轮机经常在此最优工况下工作，以获取较多的电能。

实践证明，当使 α_2 稍小于 $90°$，水流在出口略带正向（与转轮旋转相同的方向）圆周分速 V_{u2} 时，则转轮出口的水流紧贴尾水管管壁流动，避免了脱流现象，反而会使水轮机效率有某些提高。

对轴流转桨式和斜流式水轮机，在不同工况下工作时，自动调速器在调节导叶开度 a_0 的同时亦调节着转轮叶片的转角 φ，使水轮机仍能达到或接近于无撞击进口和法向出口的最优工况，故轴流转桨式和斜流式水轮机都具有较宽广的高效率工作区。

水轮机的运行工况是经常变动的，当在最优工况运行时，除效率最高外，而且运行稳定，汽蚀性能好。当偏离最优工况时，效率下降，汽蚀亦随之加剧，甚至会使水轮机的工作遭受破坏，因此必须对水轮机的运行工况加以限制。

第四节　尾水管的工作原理

对反击式水轮机，为了减小水电站厂房的基础开挖和水轮机安装检修上的方便，希望将水轮机尽可能地安装在较高的位置，并且最好高出下游水位。这样就需要在转轮出口连接装置一尾水管，使由转轮流出的水流进入尾水管并通过尾水管排至下游。由于尾水管的设置，就会引起水轮机效率的变化，因此为了提高水轮机的运行效率，就必须进一步分析尾水管的工作情况及工作原理。

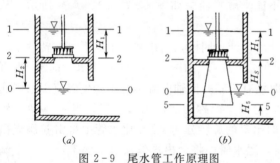

图 2-9　尾水管工作原理图
(a) 不设尾水管；(b) 设有尾水管

当水轮机装在下游水面以上，转轮的出口流速为 V_2 时，则水流离开转轮时尚存在一部分未被转轮利用的能量。如图 2-9 所示，在转轮出口处取 2—2 断面，这部分未被利用的能量即为该断面处相对于下游水面（基准面 0—0）的能量，可用单位能量 E_2 表示，则

$$E_2 = \frac{P_2}{\gamma} + H_2 + \frac{\alpha_2 V_2^2}{2g} \qquad (2-22)$$

式中　α_2——断面 2—2 处的水流动能校正系数。

为了提高水轮机的利用能量，减小 E_2 的损失，可从下列几方面讨论尾水管的工作原理及作用。

一、尾水管的工作原理

1. 当水轮机不设置尾水管时

如图 2-9 (a) 所示，当水轮机不设置尾水管时水流自转轮流出后即进入大气并自由落入下游水面，因此 2—2 断面处的压力为大气压。当用相对压力表示时，则转轮出口的

能量损失 E'_2 为

$$E'_2 = H_2 + \frac{\alpha_2 V_2^2}{2g} \tag{2-23}$$

2. 当水轮机设有尾水管时

如图 2-9 (b) 所示，设水轮机在出口装有一逐步扩大的圆锥形尾水管，其下端伸入下游水面，并使全管保持密闭。此时，转轮出口 2—2 断面，即尾水管的进口断面处的压力 P_2 就不再是大气压，其压力值可由 2—2 断面与尾水管出口 5—5 断面间的伯诺里方程式求得：

$$\frac{P_2}{\gamma} + H_2 + \frac{\alpha_2 V_2^2}{2g} = \frac{P_5}{\gamma} - H_5 + \frac{\alpha_5 V_5^2}{2g} + h_{2-5}$$

式中　$\frac{P_5}{\gamma} = H_5$；

　　h_{2-5}——尾水管中从进口至出口的水力损失。

则

$$\frac{P_2}{\gamma} = -H_2 - \left(\frac{\alpha_2 V_2^2 - \alpha_5 V_5^2}{2g} - h_{2-5} \right) \tag{2-24}$$

式（2-24）说明，在设有尾水管后，转轮出口处形成了压力降低，出现了真空现象，此真空值由两部分组成：一部分由落差 H_2 形成，称为静力真空，H_2 也称为吸出高，可用其专门的符号 H_s 表示；另一部分是由尾水管进、出口动能差和扣除水头损失所形成，称为动力真空，它是通过圆锥形尾水管对水流的扩散作用而形成的。

将式（2-24）代入式（2-22），则可得出当设有尾水管时，转轮出口处水流的损失能量 E''_2 为：

$$E''_2 = -H_s - \left(\frac{\alpha_2 V_2^2 - \alpha_5 V_5^2}{2g} - h_{2-5} \right) + H_s + \frac{\alpha_2 V_2^2}{2g} = \frac{\alpha_5 V_5^2}{2g} + h_{2-5} \tag{2-25}$$

由式（2-25）可以看出，由于设置了尾水管，使水流在转轮出口处的能量损失大大减小，其值取决于尾水管出口的动能损失及其内部的水力损失。

3. 尾水管的作用

从 E'_2 中减去 E''_2，便可得出由于设置尾水管后水轮机能够多利用的能量 ΔE 为

$$\Delta E = E'_2 - E''_2 = H_s + \left(\frac{\alpha_2 V_2^2 - \alpha_5 V_5^2}{2g} - h_{2-5} \right) \tag{2-26}$$

式（2-26）说明，水轮机多利用的能量系由势能落差 H_s 和大部分转轮出口动能所组成。由于这部分能量在转轮出口处形成了压力降低，出现真空，于是便增大了转轮进、出口压力差，因而也就增加了转轮可利用的能量。

为了增大水轮机可利用的能量，可采取增大尾水管的出口断面，以减小出口流速 V_5 的办法来实现。在尾水管高度一定时，若过分增大出口断面，使扩散度增大，会造成管壁脱流现象，所以一般限制尾水管的扩散角 $\theta < 8°$，如图 4-33 所示，但也有应用到 $\theta = 12° \sim 14°$ 的，因为当选择的最优工况使转轮水流的出口角 α_2 稍小于 90° 时，这样略带旋转的水流离心力便可阻止脱壁现象，因而使增大了的出口断面即可提高尾水管的回收动能。

综合以上所述，水轮机尾水管的作用可归纳如下：

1）汇集转轮出口的水流，并引导水流排至下游。

2）当 $H_s>0$ 时，以静力真空的方式使水轮机完全利用了这一高度所具有的势能。

3）以动力真空的方式使水轮机回收并利用了转轮出口水流的大部分动能。

二、尾水管的动能恢复系数

为了减小厂房的基础开挖，和力求更多地利用转轮出口的动能，水轮机就可能有各种型式和各种尺寸的尾水管，这样就需要有一种指标来显示尾水管的能量效果，以便通过试验研究设计出更适合该水轮机的尾水管型式。

由尾水管形成的静力真空值 H_s，它完全取决于水轮机的安装高程，与尾水管的型式并无直接关系，而动力真空值 $\left(\dfrac{\alpha_2 V_2^2 - \alpha_5 V_5^2}{2g} - h_{2-5}\right)$ 却与尾水管的型式尺寸有紧密的关系，同时由于水轮机转轮出口的动能占总能量的比值 $\dfrac{\alpha_2 V_2^2}{2gH}$ 往往是很可观的，对混流式水轮机可达 $5\% \sim 10\%$，对低水头大流量的轴流式水轮机可达 $30\% \sim 40\%$，所以衡量尾水管性能的指标，主要是看它对转轮出口动能恢复的程度如何，这种恢复程度一般用尾水管的动能恢复系数 η_w 来表示，它是尾水管内所形成的动力真空值与转轮出口动能的比值，即

$$\eta_w = \frac{\dfrac{\alpha_2 V_2^2 - \alpha_5 V_5^2}{2g} - h_{2-5}}{\dfrac{\alpha_2 V_2^2}{2g}} \qquad (2-27)$$

对直圆锥尾水管，当扩散角 θ 及其他尺寸选择最优时，其动能恢复系数 η_w 可达 $80\% \sim 85\%$。

在式（2-27）中，将尾水管总的水头损失用 h_w 表示，其值为

$$h_w = \frac{\alpha_5 V_5^2}{2g} + h_{2-5} = \zeta_w \frac{\alpha_2 V_2^2}{2g}$$

式中　ζ_w——尾水管的水力损失系数。

将上式代入式（2-27），整理后得

$$\eta_w = 1 - \zeta_w \qquad (2-28)$$

式（2-28）亦为尾水管动能恢复系数的另一种表示形式。

第五节　水轮机的汽蚀

一、汽蚀的概述

汽蚀现象最早发现于 1891 年，当时英国驱逐舰"达令"号在作高速试航时，发现金属螺旋桨在很短时间内遭受破坏，以后在水轮机和水泵中也都发现有类似的破坏情况。但由于过去水力机械尚处于低速阶段，即是有汽蚀破坏也并不显得十分严重，因而对汽蚀问题的重视和研究也就不够。近年来，水轮机不断地向大容量、高水头、高转速方面发展，由于汽蚀而造成的效率下降、设备破坏、噪声和振动等情况逐渐加剧，因而水轮机的汽蚀问题现已成为国内外很多科技人员关注和研究的重大课题之一。

我们知道，在 1 个标准大气压（1 标准大气压＝101325Pa）下，将水温加热到 100℃时，水便开始沸腾汽化；而对 20℃的水，当把表面压力降低至 0.023 个大气压时，水也

能沸腾汽化。为了区别上述两种情况，通常把水在一定压力下加温而汽化的现象称为沸腾；而把环境温度不变，由于压力降低而引起的汽化称为空化。在一定温度下水开始空化的压力称为汽化压力，用 P_B（Pa）表示，水温与汽化压力的关系如表 2-1 所示，为了应用上的方便，表中汽化压力用其导出单位 mH_2O 表示。

表 2-1 水在各种温度下的汽化压力

温　　度（℃）	0	5	10	20	30	40	50	60	70	80	90	100
汽化压力 $\frac{P_B}{\gamma}$（mH_2O）	0.06	0.09	0.12	0.24	0.43	0.75	1.26	2.03	3.17	4.83	7.15	10.33

在反击式水轮机的过流通道中，某些部位的压力可能发生降低，这是由于水流所处位置的静压降低（如转轮出口的静力真空）和水流在运动中所引起的压力降低（如在叶片背面因流速过大而出现的压力降低）所形成的。当压力低于汽化压力时水就空化，而放出大量的气泡，使原来溶解于水中的空气也随水蒸气同时逸出，所以气泡是水蒸气和空气的混合体。这些气泡随水流进入压力高于汽化压力的区域时，蒸汽泡迅速凝缩成很小的水珠，由于蒸汽体积的突然收缩，使气泡内的空气变得稀薄而形成了真空，于是周围的高压水流质点，便以极大的速度向气泡中心冲击，形成了巨大的水击压力（此压力可达几百甚至上千个大气压力）。在水击压力作用下空气也被压缩，直到气体的弹性压力大于水击压力时，这种压缩才被阻止。接着气泡由于反作用力而产生膨胀，使水流质点又以同样的速度向外扩散，因而又形成气泡中压力的急剧降低，同样又引起水流质点的冲击等等。试验研究表明，约在 0.005~0.007s 内，气泡经过 3~6 次的反弹与再生，每次都出现变形与收缩，以致逐渐溃灭而消失，使水流的连续性得以恢复。由于大量气泡连续不断地产生与溃灭，和在此过程中水流质点反复高速冲击的结果，使过流通道的金属表面遭到严重的破坏，对运动着的水流，其破坏区大都在气泡发生区的尾部。由此，把这种气泡在溃灭过程中，由于气泡中心压力发生周期性变化，使周围的水流质点发生巨大的反复冲击，对水轮机过流金属表面产生汽蚀破坏作用的现象，称为水轮机的汽蚀（也称为水轮机的空蚀）。

汽蚀对金属表面的浸蚀作用目前研究的还很不完善，一般认为主要是机械作用，大量气泡的凝缩与膨胀，并以极大的水击压力反复冲击着过流部件，随着时间的推移，从而引起金属材料的疲劳剥蚀，在粗糙表面上，由于应力集中，会更加速这种破坏；其次是气泡在溃灭过程中，金属表面在受冲击处出现了局部高温（据试验可达 300℃ 以上）的情况下，由电解和氧化所造成的破坏；同时还认为在机械作用发生时，这种电解和氧化作用更加速了机械破坏的过程。

汽蚀对金属表面破坏开始时，一般首先使表面失去光泽而变暗，接着变毛糙而发展成麻点，再进一步使金属表面形成十分疏松的海绵蜂窝状，深度从几毫米到几十毫米，严重时还可能将叶片穿成孔洞。

在水轮机的运行和检修中，为了比较和说明水轮机汽蚀的严重程度，我国采用以单位时间内叶片背面单位面积上的平均浸蚀深度作为标准，也称为浸蚀指数，用 K 表示，即

$$K = \frac{V}{FT} \quad (mm/h) \qquad (2-29)$$

式中　V——浸蚀体积，$m^2 \cdot mm$；

T——有效运行时间，h；

F——叶片背面总面积，m^2。

为了区别水轮机的汽蚀程度，一般将浸蚀指数分为五个等级，同时并换算为相应每年的浸蚀速度，见表2-2。

根据我国水轮机的汽蚀情况，一般认为Ⅲ级以上的浸蚀深度便属于应该重视和进行修复的情况。

表 2-2　　水轮机汽蚀浸蚀等级

浸蚀等级	浸蚀指数 (10^{-4}mm/h)	浸蚀速度 (mm/8760h)	汽蚀程度
Ⅰ	<0.0577	<0.05	轻微
Ⅱ	0.0577～(<0.115)	0.05～(<0.1)	中等
Ⅲ	0.115～(<0.577)	0.1～(<0.5)	较严重
Ⅳ	0.577～(<1.15)	0.5～(<1.0)	严重
Ⅴ	≥1.15	≥1.0	极严重

二、水轮机汽蚀的类型

如上所述，在反击式水轮机的整个过流通道中的压力降低区，当压力低于水的汽化压力时，都会产生汽蚀，而且有时是很严重的。根据汽蚀发生的部位和发生情况的不同，水轮机的汽蚀一般可分为翼型汽蚀、间隙汽蚀、空腔汽蚀和局部汽蚀等，现将这些汽蚀的发生及破坏情况分述如下：

1. 翼型汽蚀

水轮机的转轮将水能转换为旋转机械能时，每个叶片都受水压作用，叶片正面一般为正压（高于大气压），背面一般为负压（低于大气压）。叶片翼形背面的压力最低值一般发生在出口处，当此压力降低到汽化压力以下时，该处便产生了汽蚀，如图2-10（a）所示。还有当水轮机偏离最优工况运行时，混流式水轮机因入流冲角太大，造成脱流，在叶片头部也会发生汽蚀。这些汽蚀对叶片都起着严重的破坏作用，它的形成主要与翼型的几何形状和运行工况有关，所以称为翼型气蚀。

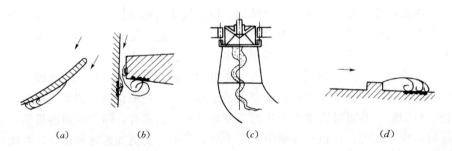

（a）　　　（b）　　　（c）　　　（d）

图 2-10　水轮机汽蚀的类型

（a）翼型汽蚀；（b）间隙汽蚀；（c）空腔汽蚀；（d）局部汽蚀

翼型气蚀发展到一定程度时，不仅对叶片起破坏作用，而且对水轮机的性能也有很大的影响，主要表现如下：

1）汽蚀破坏使水轮机叶片表面粗糙而引起水力损失增大，在严重情况下还会改变水流的方向，使水流更加紊乱，促使水轮机效率下降。

2）大量气泡的不断产生和溃灭也严重影响着叶道中水流的连续性，在严重情况下会引起部分和全部断流，使水轮机达不到应有的出力。

2. 间隙汽蚀

当水流通过某些间隙和较小的通道时，因局部速度的升高而形成了压力降低，当压力低于汽化压力时所产生的汽蚀称为间隙汽蚀。如轴流式水轮机转轮叶片与转轮室之间出现的汽蚀，如图 2-10（b）所示，它浸蚀着叶片的背缘和转轮室壁。另外在导叶的端面和立面上，止漏环间隙中以及水斗式水轮机喷嘴和喷针之间，也都有这种汽蚀发生。

3. 空腔汽蚀

当水轮机在偏离最优工况运行时，水轮机出口流速则产生一圆周分量 V_{u2}，使水流在尾水管中发生旋转，当达到一定程度时则会形成一种非轴对称的真空涡带，并引起尾水管中水流速度和压力的脉动，如图 2-10（c）所示。这种真空涡带周期性的冲击使转轮下环和尾水管进口处产生汽蚀破坏，这种汽蚀称为空腔气蚀。在严重情况下这种汽蚀和流速与压力的脉动会产生强烈的噪音，并引起机组过大的振动和功率摆动。

4. 局部汽蚀

局部汽蚀是由于水轮机的过流表面在某些地方凹凸不平因脱流而产生的汽蚀，如图 2-10（d）所示。可能发生在限位销、螺钉孔的后面及加工和焊接缺陷处。

还有在泥沙水流中，由于泥沙对水轮机过流表面连续磨损和冲击会使金属表面因疲劳而产生波纹、沟槽或鱼鳞坑，因而就产生和扩大了局部汽蚀；同时由于汽蚀的发生使金属表面变得疏松，也会加速泥沙磨损和冲击的破坏。这种泥沙磨损伴随着汽蚀浸蚀的联合作用则更加速了对水轮机的破坏。

我国是一个泥沙河流较多的国家，通过大量的实践证明，当水流含沙浓度越大、颗粒越硬、水电站水头越高、制造精度越差和运行时间越长时，水轮机过流部件的损坏就越严重。这种磨损与汽蚀联合作用下的破坏程度远比单纯磨损和清水汽蚀大的多。如我国一些多泥沙河流上的水轮机运行 5000～20000h，效率下降达 2%～13%，电量损失达 5%～30%；另一些水轮机运行 1 万多小时，就出现了严重的损伤，甚至达到必须更换新的转轮和部分过流部件的程度。

根据国内许多水电站的调查，混流式和轴流转桨式水轮机转轮一般发生汽蚀破坏的部位如图 2-11 所示。

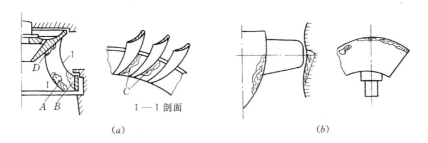

（a）　　　　　　　　　　　　　（b）

图 2-11　水轮机转轮的汽蚀破坏
（a）混流式水轮机；（b）轴流转桨式水轮机

不同型号的混流式水轮机在不同工况运行时，翼型汽蚀的部位可能不同，而大多数发生在叶片背面的出水边［如图 2-11（a）中的 A 区］、叶片背面与下环靠近处（B 区）和叶片背面与上冠交界处（D 区），另外在下环内表面也有时发生汽蚀（C 区）。混流式水轮机转轮上还存在有间隙汽蚀，它主要发生在止漏环的间隙中，在含沙水流通过时这种破坏就更加严重。

在轴流转桨式水轮机的转轮中，翼型汽蚀、间隙汽蚀和局部汽蚀同时存在，如图 2-11（b）所示。翼型汽蚀主要发生在靠叶片进口的地方（尤其当叶片头部几何形状不良和水轮机长期在非最优工况下运行时）和叶片背面的出水边；间隙汽蚀发生在叶片与转轮室和叶片根部与轮毂之间；局部汽蚀一般发生在转轮室分瓣焊接处，和叶片吊孔及表面凹凸不平处。

三、水轮机汽蚀的防护

为了防止和减小汽蚀对水轮机的破坏和对运行带来的不良后果，对于研究防止汽蚀发生和改善水轮机汽蚀性能的措施就显得非常必要。影响水轮机汽蚀的因素是很多的，因此也必须从多方面采取措施进行综合防护。其中，在转轮中流速和压力的变化是产生汽蚀最主要的因素，所以首先必须采取措施以控制流速和压力的急剧变化。在长期实践中，认为对水轮机汽蚀有成效的防护措施，有以下几方面：

1. 在水轮机的设计制造方面

应注意设计合理的叶型，使叶片具有平滑的流线，尽可能地使叶片背面的压力分布趋于均匀，并缩小低压区；在加工时应注意提高精度以保证叶片设计的几何形状和表面的平滑光洁；并选用抗汽蚀较稳定的钢材进行制造，目前倾向于采用以镍铬为基础的各类高强度合金不锈钢。

2. 在工程措施方面

应注意选择合理的水轮机安装高程，使转轮出口处的压力不低于汽化压力；在多泥沙河流上，可能条件下须采取防沙和排沙措施（如加强水土保持以减小入库泥沙，或修建排沙底孔和沉沙池等），以防止粗颗粒的泥沙进入水轮机。

3. 在运行方面

应注意使水轮机在运行中避开汽蚀严重的工况区；在空腔汽蚀严重时，可采取在尾水管进口处补气，以破坏那里的真空；对于遭受汽蚀破坏的叶片，一般采用不锈钢焊条补焊，或采用耐磨蚀的金属粉末进行热喷涂。近年来我国还研制出复合尼龙、环氧金刚砂等非金属涂料，作为叶片的保护层，它们在抗磨蚀方面具有较好的效果。

四、水轮机的超汽蚀

为了使水力机械能够适应于在这种不可避免的汽蚀情况下运行，从 50 年代开始，国内外还大力开展了对叶片式水力机械超汽蚀理论的试验研究工作。

当水轮机的叶道中发生汽蚀时，就会不断地出现大量的气泡，如图 2-12（a）所示，在叶片翼型背面形成了长度为 l_c 的汽穴区，从而破坏了水流的连续性。而气泡的瞬时崩溃和对叶片的汽蚀破坏，以及水流连续性的恢复是发生在汽穴区尾部 A 点以后，一般是在叶片翼型背面的出水边。若采取改变水轮机的运行工况或改变转轮叶片的翼型，就有可

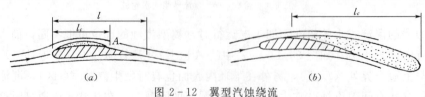

图 2-12 翼型汽蚀绕流

能控制气泡的崩溃和水流连续性的恢复使之发生在翼型尾部之后,如图2-12(b)所示,这样,就是出现严重的汽蚀也不会造成对叶片的过大损伤。这种气泡崩溃的过程,亦即水流连续性恢复的过程发生在叶片外部水中的现象称为水轮机的超汽蚀。

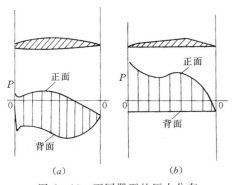

图2-13 不同翼型的压力分布

(a)普通翼型;(b)超汽蚀翼型

普通的水轮机在装置汽蚀系数小于水轮机临界汽蚀系数的工况下运行时,有可能发生某种超汽蚀工况,使汽穴超出叶片之外,使叶片不发生或发生轻微的汽蚀。但在紧接着的尾水管中,可能遭到严重的汽蚀破坏,并出现振动和噪声,这样由于汽穴的不稳定和工况的恶化会导致水轮机工作的不稳定和效率的下降。

若改变转轮叶片的翼型设计,使之成为超汽蚀翼型,则可能使超汽蚀工况成为正常工况,并使水轮机的工作范围将不受汽蚀条件的限制。如图2-13所示,这种超汽蚀翼型和普通翼型不同之处,主要表现在其头部较薄而后半部较厚,最大厚度是在靠近叶片翼型的尾部。这样当水流绕流时,翼型背面的负压减小而且分布也趋于均匀,翼型正面的正压加大以保证水轮机的工作。此时,超汽蚀情况下的汽穴便出现在翼型的后面,如图2-14所示。为了使汽穴稳定,一般希望汽穴长度l_c和翼型弦长l的比值$\frac{l_c}{l}$大于3~4,至少不小于1.5。但目前对超汽蚀翼型组成的叶栅绕流及叶栅工作情况的研究还很不充分。

60年代初曾作过超汽蚀轴流式水轮机的模型试验,但由于效率较低($n_s=1000$,$\eta=60\%\sim75\%$)未被引起重视。

目前超汽蚀的高速水泵已经在应用,超汽蚀的螺旋推进器也有了很大的发展,超汽蚀的水轮机也在大力研究,但其关键问题是在将超汽蚀工况作为正常工况时,要求工作稳定并能提高效率,要求能有适应超汽蚀工况的尾水管。可以展望,这种

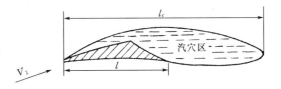

图2-14 超汽蚀翼型的绕流

试验研究有可能使水轮机在相当程度上摆脱汽蚀的限制。

第六节 水轮机的汽蚀系数、吸出高及安装高程

一、水轮机的汽蚀系数

如上所述,在反击式水轮机中所发生的汽蚀现象,其根本原因是在其过流通道中出现了低于汽化压力的过大压力降低。要避免汽蚀的发生,所采取的主要措施也就是限制这种压力降低并使之不低于水的汽化压力。

在水轮机的各类汽蚀中,影响水轮机效率最大对水轮机破坏最严重的是翼型汽蚀,所以衡量水轮机汽蚀性能的好坏一般都是针对翼型汽蚀而言的,衡量的标志通常采用一汽蚀

系数来表示。

要达到限制翼型压力降低的目的，就必须研究翼型上的压力分布。如图 2 - 15 (a) 所示，当转轮工作时取某一中间流线 1—K—2—a 作为代表，沿流线截取叶片的翼型断面绘在图 2 - 15 (b) 中，旁边还绘出翼型正面和背面的压力分布曲线，图中 A—B 为绝对压力的零线，P_1 为转轮进口压力，P_2 为转轮出口压力，而且 $P_1 > P_2$。

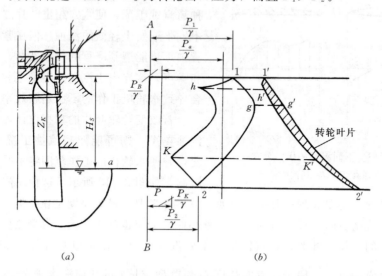

图 2 - 15 转轮叶片翼型压力分布

当水流在转轮进口以相对速度 W_1 对翼型进行绕流时，由于翼型头部弯曲产生的离心力，使叶片背面水流发生脱流现象而导致压力急剧下降，在叶片正面则形成压力上升。以后在水流沿叶道流动的过程中，由于水流不断地对叶片做功，使叶道中的压力越来越低。翼型背面的压力在 K 点达到最低，随后稍有回升，在出口与正面的压力趋于一致。在图 2 - 15 (b) 中，1—g—2 线表示翼型正面的压力分布，1—h—K—2 线表示翼型背面的压力分布，这样叶片翼型的正、背面形成了压力差。

在图 2 - 15 (b) 上还绘出了大气压的 Pa 线，可以看出在翼型正面大部分区域为正压，在翼型背面几乎全部为负压，而且在 K 点降到最低，这是发生汽蚀最危险的地方。由于翼型随转轮转动，为了求得 K 点的压力，可写出 K 点和 2 点相对运动的伯诺里方程式：

$$Z_K + \frac{P_K}{\gamma} + \frac{W_K^2}{2g} - \frac{U_K^2}{2g} = Z_2 + \frac{P_2}{\gamma} + \frac{W_2^2}{2g} - \frac{U_2^2}{2g} + h_{K-2} \qquad (2-30)$$

式中 h_{K-2}——由 K 点至 2 点的水力损失。

由于 K 点和 2 点很接近，可以近似地认为 $U_K = U_2$。取下游水面作为基准面，则从汽蚀现象最严重的 K 点到下游水位之间的垂直高度 Z_K 即为水轮机的吸出高 H_S，则

$$\frac{P_K}{\gamma} = \frac{P_2}{\gamma} - (H_S - Z_2) - \left(\frac{W_K^2 - W_2^2}{2g} - h_{K-2} \right) \qquad (2-31)$$

对式 (2-31) 中的 P_2，可用 2 点和下游水位 a 点的伯诺里方程式求得：

$$Z_2 + \frac{P_2}{\gamma} + \frac{V_2^2}{2g} = \frac{P_a}{\gamma} + \frac{V_a^2}{2g} + h_{2-a}$$

式中 h_{2-a}——由 2 点至 a 点的水力损失。

由于下游水位处水流的行进速度很小，可以近似地认为 $\dfrac{V_a^2}{2g}=0$，则可写出 P_2 的表达式为

$$\frac{P_2}{\gamma}=\frac{P_a}{\gamma}-Z_2-\frac{V_2^2}{2g}+h_{2-a} \qquad (2-32)$$

将式（2-32）代入式（2-31）并整理后得

$$\frac{P_K}{\gamma}=\frac{P_a}{\gamma}-H_S-\left(\frac{V_2^2}{2g}+\frac{W_K^2-W_2^2}{2g}-h_{K-2}-h_{2-a}\right)$$

由于 K、2 两点相距很近，h_{K-2} 可忽略不计，则损失主要为尾水管的水力损失 h_{2-a}，可写为 $h_{2-a}=\zeta_w\dfrac{V_2^2}{2g}$，$\zeta_w$ 为尾水管的水力损失系数，则上式可写为

$$\frac{P_K}{\gamma}=\frac{P_a}{\gamma}-H_S-\left[\frac{W_K^2-W_2^2}{2g}+(1-\zeta_w)\frac{V_2^2}{2g}\right]$$

应用式（2-28）之关系引入尾水管的恢复系数 η_w 之后得

$$\frac{P_K}{\gamma}=\frac{P_a}{\gamma}-H_S-\left(\frac{W_K^2-W_2^2}{2g}+\eta_w\frac{V_2^2}{2g}\right) \qquad (2-33)$$

P_K 表现为负压，其真空值 $H_{V.K}$（mH_2O）可以下式表示：

$$H_{V.K}=\frac{P_a}{\gamma}-\frac{P_K}{\gamma}=H_S+\left(\frac{W_K^2-W_2^2}{2g}+\eta_w\frac{V_2^2}{2g}\right) \qquad (2-34)$$

式（2-34）表明 K 点的真空值也是由静力真空和动力真空组成，静力真空由吸出高 H_S 形成，它取决于水轮机的安装高程，而与水轮机的性能无关；而动力真空则与转轮的翼型、水轮机的工况以及尾水管的性能有关。当水轮机的安装高程确定之后，H_S 便为一定值，所以水轮机的汽蚀特性主要由 K 点的动力真空值来反映。

对同一水轮机，当工况不同时其动力真空值不同；对不同的水轮机在其最优工况和限制工况下的动力真空值亦不同。所以为了更确切地反映水轮机的汽蚀特性并便于在不同工况之间和不同水轮机之间进行汽蚀性能的比较，将动力真空值除以水轮机的工作水头 H，用一无因次的相对系数 σ 来表示，即

$$\sigma=\frac{W_K^2-W_2^2}{2gH}+\eta_w\frac{V_2^2}{2gH} \qquad (2-35)$$

σ 称为水轮机的汽蚀系数，当 K 点的相对速度 W_K 越大，转轮出口速度 V_2 越大，则汽蚀系数 σ 值越大，同时尾水管的动能恢复系数 η_w 越大，σ 值亦越大，此时水轮机的汽蚀性能就越差，就越容易发生汽蚀。对任一水轮机，在既定工况下，σ 是一定值，对于几何相似的水轮机，在相似工况下，其 σ 值亦是相同的，因此可以用一定工况（如最优工况或限制工况）下的汽蚀系数来评价不同型式和不同型号水轮机之间的汽蚀性能。

由上述情况，还可以得出：若将水轮机从进口到尾水管出口的水流能量利用的越充分，σ 值就越大，水轮机汽蚀的危险性就越大，所以说水轮机的能量特性与汽蚀特性是有矛盾的。因此，在设计和选择水轮机时，如何使水轮机在保证良好的能量特性下，尽可能地降低汽蚀系数 σ 值，改善汽蚀情况，就成为研究水轮机特性的一个重要课题。

对汽蚀系数 σ 值的确定，由于其影响因素较为复杂，要直接应用理论计算，或直接在

水轮机过流通道中进行量测都是有困难的。目前应用最广泛的方法是进行水轮机模型的汽蚀试验，得出模型的汽蚀系数，并认为模型和原型水轮机的汽蚀系数是相等的。当 σ 值为已知时，于是可将式（2-33）写为

$$\frac{P_K}{\gamma} = \frac{P_a}{\gamma} - H_s - \sigma H \tag{2-36}$$

二、水轮机的吸出高

为了保证水轮机不发生翼型汽蚀，则必须限制 K 点的压力 P_K，并使其大于或等于水的汽化压力 P_B，由此式（2-36）可写为

$$\frac{P_K}{\gamma} = \frac{P_a}{\gamma} - H_s - \sigma H \geqslant \frac{P_B}{\gamma} \tag{2-37}$$

水轮机在一定工况下工作时，其动力真空值 σH 为一定值，在设计水电站时则可采取选择合宜的安装高程，即选择吸出高 H_s 以达到限制汽蚀的目的，为此 H_s 应满足：

$$H_s \leqslant \frac{P_a}{\gamma} - \frac{P_B}{\gamma} - \sigma H$$

海平面的标准大气压为 $10.33 \mathrm{mH_2O}$（$1\mathrm{mH_2O}=10^4\mathrm{Pa}$），水轮机安装处的大气压 P_a 随其海拔高程而有所降低，一般当高程在 3000m 以下时，每升高 900m 则大气压降低 $1\mathrm{mH_2O}$（$10^4\mathrm{Pa}$），当水轮机安装处的海拔高程为 ▽m 时，则该处的大气压应为 $\frac{P_a}{\gamma}=10.33-\dfrac{\triangledown}{900}$，又流过水轮机的水温一般在 $5\sim20℃$，其相应的汽化压力 $\frac{P_B}{\gamma}=0.09\sim0.24\mathrm{mH_2O}$，则上式可写为

$$H_s \leqslant 10.33 - \frac{\triangledown}{900} - (0.09\sim0.24) - \sigma H$$

对水轮机安装处的海拔高程▽，在初步计算时可采用下游平均水位高程。

为了尽可能地将水轮机装置在较高的位置以减小水电站厂房的基础开挖，并考虑到由于气候的变化，实际的大气压有时比平均值还要有所降低。由此可将上式写为

$$H_s = 10.0 - \frac{\triangledown}{900} - \sigma H \tag{2-38}$$

在模型试验时，所得到的汽蚀系数由于试验精度和量测手段的限制而存在着误差，同时模型和原型水轮机之间还存在有尺寸比例的影响，所以对上式中的汽蚀系数还必须予以修正：一般采用引入一安全裕量 $\Delta\sigma$，或引入一安全系数 k。当引入安全裕量 $\Delta\sigma$ 时，上式可写为

$$H_s = 10.0 - \frac{\triangledown}{900} - (\sigma + \Delta\sigma)H \tag{2-39}$$

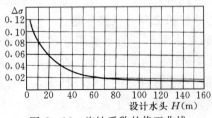

图 2-16　汽蚀系数的修正曲线

式中汽蚀安全裕量 $\Delta\sigma$ 可由图 2-16 中查得。

当引入安全系数 k 时：

$$H_s = 10.0 - \frac{\triangledown}{900} - k\sigma H \tag{2-40}$$

一般可取 $k=1.1\sim1.2$。

水轮机的吸出高是从转轮叶片上压力最低点

到下游水面的垂直高度。对立轴混流式水轮机，如前所述应为 K 点到下游水面的垂直高度，但 K 点的位置在计算时很难确定，同时在工况不同时 K 点的位置亦有所改变，所以对不同类型和不同装置方式的水轮机，工程上作了如下的规定，如图 2-17 所示：

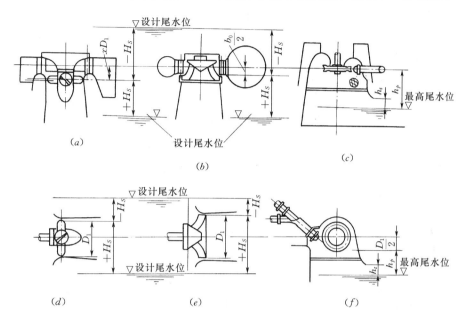

图 2-17　水轮机吸出高和安装高程示意图

1）对立轴混流式水轮机：如图 2-17（b）所示，H_S 是从导叶下部底环平面到下游水面的垂直高度；

2）对立轴轴流式水轮机：如图 2-17（a）所示，H_S 是从转轮叶片轴线到下游水面的垂直高度；

3）对卧轴混流式和贯流式水轮机：如图 2-17（d）、（e）所示，H_S 是从转轮叶片出口最高点到下游水面的垂直高度。

为了保证水轮机在运行中不发生汽蚀，就必须对各种特征工况下的吸出高 H_S 进行验算，并选取其中的最小值。当计算得的 H_S 为负值时，这说明需要将上述规定的位置装置在下游水面以下，使转轮出口不再出现静力真空而产生了正压，以抵消由于过大的动力真空所形成的危险的压力降低。

经过上述理论分析所计算出的吸出高，应该可以保证水轮机将在不发生汽蚀的情况下运行，但一些水轮机运行的实事表明，汽蚀现象还是经常发生，这说明目前对汽蚀问题的研究还不够完善。因此从保证水轮机正常运行的观点出发，有人主张将按式（2-39）、式（2-40）计算得的吸出高 H_S 再减去 0.5～1.0m，也有人主张将式（2-40）中的安全系数 k 可增大至 1.2～1.4，国外也有用到 2.0 的情况。但这样一来，会引起水电站厂房开挖深度和开挖量的增加，因此在大多数情况下经济上未必是合理的。所以，允许一定程度的汽蚀发生，以合理地确定吸出高 H_S，也是应该分析和比较论证的问题，苏联 И.А. 瑞热连柯曾建议可打破完全限制汽蚀的条件，允许水轮机一年内在汽蚀条件下工作的时间不超过 200h，这样就可以选用较小的汽蚀系数，以减小厂房开挖工程量和投资，缩短施工工期提前发电，而且也并不显著影响水轮机的汽蚀程度和水电站对电力系统的正常工作[41]。所以水轮机的吸出高 H_s 在按式（2-39）或式（2-40）计算的基础上是否需要变更和怎样变更，须结合具体电站的情况作进一步的分析论证。

三、水轮机的安装高程

对不同型式和不同装置方式的反击式水轮机，它们的安装高程在工程上也都分别作了规定：对立轴混流式和轴流式水轮机是指导叶中心平面高程；对卧轴混流式和贯流式水轮机是指主轴中心线高程，如图 2-17 所示。

在确定了吸出高 H_s 以后，便可分别按下列公式计算水轮机的安装高程 Z_a：

1. 立轴混流式水轮机

$$Z_a = \nabla_w + H_s + \frac{b_0}{2} \qquad (2-41)$$

式中　∇_w——水电站设计尾水位；

　　　b_0——水轮机导叶高度。

2. 立轴轴流式水轮机

$$Z_a = \nabla_w + H_s + xD_1 \qquad (2-42)$$

式中　D_1——水轮机转轮直径；

　　　x——轴流式水轮机高度系数，不同型号水轮机的 x 值见表 2-3。

3. 卧轴混流式和贯流式水轮机

$$Z_a = \nabla_w + H_s - \frac{D_1}{2} \qquad (2-43)$$

在应用上列公式计算水轮机的安装高程 Z_a 时，式中 ∇_w 应选用水电站最低尾水位，这与水电站的水库调节和工作出力有关。在初步计算中，对以发电为主的水利枢纽，当水库具有年调节和多年调节能力时，一般采用相应于一台机组满负荷工作时的尾水位；当水库具有季调节、日调节能力或为径流式水电站时，可采用相应于保证出力时的尾水位。

在水轮机运行中，最严重的汽蚀情况一般发生在最大水头下机组担负最大负荷或最小负荷的情况，所以对大中型水电站在技术设计阶段，需要拟定若干个安装高程方案，进行动能经济比较以选出合理的安装高程。

表 2-3　轴流式水轮机高度系数

水轮机型号	ZZ360	ZZ440	ZZ460	ZZ560	ZZ600
x	0.3835	0.3960	0.4360	0.4085	0.4830

第七节　水斗式水轮机的工作原理

水斗式水轮机的喷嘴将压力水管引来的高压水流的压能转变为自由射流的动能，射流仅对转轮上某几个水斗冲击做功，而且做功的整个过程也都是在大气压力下进行的。这样水斗式水轮机就更能适合于在高水头小流量的情况下工作，而且在工作中也不存在有严重的翼型汽蚀问题。水斗式水轮机的效率略低于混流式水轮机，但在高水头条件下和混流式水轮机相比，水斗式水轮机却有很大的优越性，它主要避免了因汽蚀而带来的过大基础开挖。所以，一般当水头超过300m时就应考虑采用水斗式水轮机的可能性。

一、水斗式水轮机工作的基本方程式

自喷嘴喷射出来的射流以很大的绝对速度V_0射向运动着的转轮，如图2-18所示，V_0可由下式求得：

$$V_0 = k_V \sqrt{2gH} \quad \text{（m/s）} \tag{2-44}$$

式中　k_V——射流流速系数，一般取$k_V = 0.97 \sim 0.98$；

　　　H——自喷嘴中心起算的水轮机设计水头。

在选定喷嘴数目z_0之后，则通过z_0个喷嘴的流量Q为

$$Q = \frac{\pi}{4} d_0^2 k_V \sqrt{2gH} z_0 \quad \text{（m}^3\text{/s）} \tag{2-45}$$

由于流速系数k_V的变化很小，可以认为在所有针阀的开度下，射流速度V_0的大小和方向均保持不变。当选取$k_V = 0.97$，则由已知的水轮机引用流量，便可得出射流的直径d_0为

$$d_0 = 0.545 \sqrt{\frac{Q}{z_0 \sqrt{H}}} \quad \text{（m）} \tag{2-46}$$

以速度为V_0、直径为d_0的射流在以D_1为直径的圆周上切向冲击水斗时，如图2-18所示，在A点与水斗的分水刃相垂直，水流在水斗进口处的V_1实际上就等于射流速度V_0，此时可将水斗在该点的运动看成是平行于射流的直线运动，运动的速度即为转轮的圆周速度U_1，则水流在水斗进口处的相对速度$W_1 = V_0 - U_1 = W_0$，W_1的方向与射流的方向一致，因此水斗进口处的速度

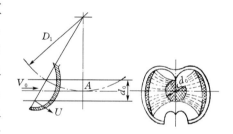

图2-18　射流在水斗上的扩散

三角形为一直线，如图2-19所示。射流进入水斗后，射流对水斗的绕流亦可认为是平面运动，它沿着水流的工作面向相反的方向分流，在出口以相对速度W_2流出，W_2与U_2之间的反方向角β_2即为水流的出水角，由此便可绘出水流在水斗出口处的速度三角形，如图2-19所示。由于射流在水斗进口和出口的位置被认为是在同一平面上，所以$U_1 = U_2 = U$。

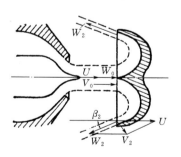

图2-19　水斗式水轮机速度三角形

水斗式水轮机的转轮同样也改变着水流对主轴的动量矩，因此在分析反击式水轮机工作原理时所导出的基本方程式（2-13）同样也可适用于水斗式水轮机，将式中的V_1换成射流速度V_0，可得

$$H\eta_s = \frac{1}{g}(U_1 V_0 \cos\alpha_1 - U_2 V_2 \cos\alpha_2)$$

式中$U_1 = U_2 = U$，进口角$\alpha_1 = 0$，并在忽略了水斗表面的摩擦损失之后，可认为水斗内表面各点处水流的相对速度大小不变，则

$$W_2 = W_1 = V_0 - U$$

$$V_0\cos\alpha_1 = V_0$$

$$V_2\cos\alpha_2 = U - W_2\cos\beta_2 = U - (V_0 - U)\cos\beta_2$$

代入上式得：

$$H\eta_s = \frac{1}{g}\{UV_0 - U[U - (V_0 - U)\cos\beta_2]\}$$

即

$$H\eta_s = \frac{1}{g}[U(V_0 - U)(1 + \cos\beta_2)] \tag{2-47}$$

式（2-47）即为水斗式水轮机工作的基本方程式，它给出了水斗式水轮机将水能转换为旋转机械能的基本平衡关系。当水头 H 为常数时，水轮机出力最大，也就是水力效率 η_s 最大的条件为：

1）$1 + \cos\beta_2$ 为最大，则 $\beta_2 = 0$，即要求水斗内表面的转角为 $180°$。

2）若 β_2 为某一固定角，$UV_0 - U^2$ 为最大时，则

$$\frac{\mathrm{d}}{\mathrm{d}U}(UV_0 - U^2) = 0，\quad V_0 - 2U = 0$$

得出

$$U = \frac{1}{2}V_0$$

也就是说水斗的出水角 $\beta_2 = 0$，射流在水斗上进出口的转向为 $180°$，并且转轮的圆周速度 U 等于射流速度的一半时，则水轮机的水力效率和出力为最大。

但实际上，为了使水斗排出的水流不冲击下一水斗的背面，所以水斗的出水角 β_2 不能等于零，一般采用 $\beta_2 = 7° \sim 13°$；同时射流在水斗曲面上的流动是扩散的，如图 2-18 所示，各点的圆周速度 U 并不是均匀的，而且由于摩擦损失 W_2 并不等于 W_1。因此最大出力并不发生在 $U = \frac{1}{2}V_0$ 的情况下，根据试验水斗式水轮机最有利的 $\frac{U}{V_0}$ 的比值约在 $0.42 \sim 0.49$ 之间。

二、水斗式水轮机中的能量损失

水斗式水轮机中的能量损失主要包括喷嘴将水流的压能转变为动能以及在转轮中射流的动能转变为主轴旋转机械能的过程中的损失，另外还有水流在转轮出口的能量损失。现分述如下：

1. 喷嘴损失

它包括水流在喷管中的沿程损失和局部转弯、断面变化、分流等损失，还包括射流的收缩和在空气中的阻力损失。合理的喷嘴效率 $\frac{V_0^2}{2gH}$ 可达 $0.95 \sim 0.98$。

2. 水斗损失

1）进口撞击损失：由于分水刃因强度要求不可能做得很薄，所以水流的方向在进口处发生了急剧改变，因而产生了撞击损失。

2）摩擦损失：由于水流在水斗中形成了急剧的转弯而且扩散在很大的表面上，因而形成了较大的摩擦损失。

3）出口损失：由于水斗式水轮机没有尾水管，而且转轮装在尾水位以上，转轮的出口动能 $\frac{V_2^2}{2g}$ 和从射流中心到下游水面之间的落差都不能被利用而出现了较大的出口损失。

3. 容积损失

由于水斗在转轮上不是连续装置的，所以有一小部分水流未能进入水斗做功而形成了容积损失。

4. 机械损失

机械损失包括主轴在轴承中的摩擦损失和转轮在运动中的风阻损失等。

如上所述，水斗式水轮机的总效率亦可表达为 $\eta = \eta_s \eta_r \eta_j$，在正常工作时，其最高效率 $\eta = 85\% \sim 90\%$，略低于混流式水轮机，但其效率变化比较平稳，在低负荷和满负荷运行时其效率反而比混流式水轮机为高，如图 4-7 所示。

三、水斗式水轮机的安装高程

水斗式水轮机的转轮是在大气中工作的，转轮装在尾水位以上，为了不使排入下游的水流所激起的浪花影响转轮工作而造成附加损失，因此转轮对于下游水面尚应有一排水高度 h_p，如图 2-17 (c)、(f) 所示。同时为了使机壳内保持有正常的大气压，在排水边的机壳底座对于下游水面亦应保持有一通风高度 h_t。

对于立轴水斗式水轮机，如图 2-17 (c) 所示，其安装高程规定为喷嘴射流中心线的高程，则有

$$Z_a = \nabla_w + h_p \tag{2-48}$$

对于卧轴水斗式水轮机，如图 2-17 (f) 所示，其安装高程规定为主轴中心线的高程，则有

$$Z_a = \nabla_w + h_p + \frac{D_1}{2} \tag{2-49}$$

式中排水高度 h_p，根据试验和实际资料的统计，$h_p = (1.0 \sim 1.5) D_1$，对立轴式机组可取较大的系数，对卧轴式机组取较小的系数；对通风高度 h_t 的选取，一般宜不小于 0.4m；对设计尾水位 ∇_w，应选用下游设计最高尾水位。

第三章 水轮机的相似理论及模型综合特性曲线

第一节 相 似 理 论 概 述

水轮机在不同工况下运行时，各运行参数（如水头 H、流量 Q、转速 n、出力 N、效率 η 及汽蚀系数 σ 等）及这些参数之间的关系称为水轮机的特性。这种特性非常重要，因为它关系到水轮机的设计、制造、选型和运行中的最优化方案及限制条件等一系列的问题。然而由于水轮机过流通道中的水流运动过程，特别是在非最优工况下的过程，水力现象是很复杂的，至今尚不可能从理论上提供出水轮机完整的运行特性，于是目前多采用试验研究和理论分析计算相结合的方法来进行。

水轮机的试验研究可分为原型试验和模型试验两种，但由于原型水轮机的尺寸一般都比较大，做试验困难较多，往往受某些条件的限制很难实现，同时也不经济。在试验室中进行水轮机模型试验时，由于模型水轮机的直径较小（一般采用 $250\sim460\mathrm{mm}$，对轴流式水轮机可达 $800\mathrm{mm}$），试验水头较低（一般采用 $2\sim6\mathrm{m}$），因此模型水轮机制作快、费用低而且试验方便、量测准确，并可系统地改变有关参数进行不同方案之间的对比试验研究。所以模型试验有很大的优越性，它是研究水轮机特性最有效的手段之一。但这样却产生了一个问题，就是如何将模型水轮机试验所得出的成果应用到原型水轮机上去呢？这就需要研究两个水轮机之间的相似理论。

研究相似水轮机运行参数之间存在的相似规律，并确立这些参数之间换算关系的理论称为水轮机的相似理论，根据这一理论就可以把从模型试验所得出的数据换算到原型水轮机上去，从而得出原型水轮机的特性参数以及这些参数之间的关系。

如果两个水轮机（以下着重讨论模型水轮机与原型水轮机）保持相似，这主要是指其中的水流运动保持相似，包括几何相似、运动相似和动力相似。现对这些相似条件分述如下。

一、几何相似

几何相似是指两个水轮机过流通道几何形状的所有对应角相等，所有对应尺寸成比例，如图 3-1 所示，即

$$\beta_{e1}=\beta_{e1M}；\quad \beta_{e2}=\beta_{e2M}；\quad \varphi=\varphi_M；\quad \cdots \tag{3-1}$$

$$\frac{D_1}{D_{1M}}=\frac{b_0}{b_{0M}}=\frac{a_0}{a_{0M}}=\cdots \tag{3-2}$$

式中 β_{e1}、β_{e2}、φ——水轮机转轮叶片的进口安放角、出口安放角、转角；

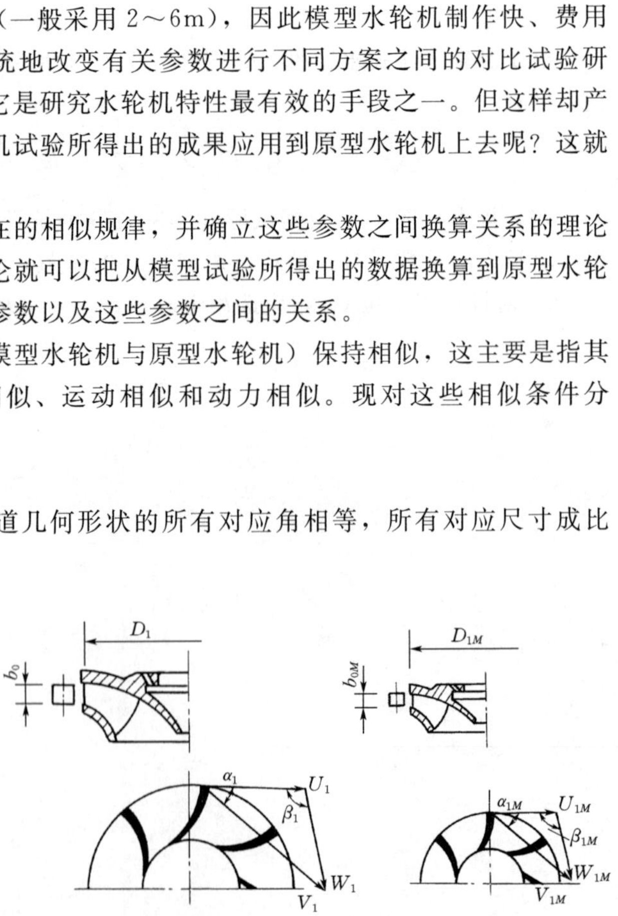

图 3-1 水轮机几何相似和运动相似示意图

D_1、b_0、a_0——水轮机的转轮直径、导叶高度、导叶开度。

以上参数带有脚标"M"者均为模型水轮机的参数，否则均为原型水轮机的参数，以下同此。

对于保持有上述几何相似大大小小的一套水轮机系列，简称为轮系，只有同一轮系的水轮机之间才能建立起运动相似和动力相似。

此外几何相似尚应包括对应部位的相对糙度相等，即

$$\frac{\Delta}{D_1} = \frac{\Delta_M}{D_{1M}} \qquad (3-3)$$

式中　Δ——水轮机过流通道表面的糙度。

在水轮机制造加工时，若工艺相同，则可使绝对糙度相等（$\Delta = \Delta_M$），但要使相对糙度相等却是很难做到的。一般在几何相似中，相对糙度占次要位置，为了简化起见，可忽略其影响。

二、运动相似

运动相似是指同一轮系的水轮机，水流在过流通道中对应点的速度方向相同，速度大小成比例。在转轮中则应是对应点的速度三角形相似，即在速度三角形中，对应速度的方向角应该相同，对应速度的大小应该成比例，如图 3-1 所示，即

$$\alpha_1 = \alpha_{1M}; \quad \beta_1 = \beta_{1M}; \quad \alpha_2 = \alpha_{2M}; \quad \cdots \qquad (3-4)$$

$$\frac{V_1}{V_{1M}} = \frac{U_1}{U_{1M}} = \frac{W_1}{W_{1M}} = \frac{V_2}{V_{2M}} = \cdots \qquad (3-5)$$

三、动力相似

动力相似是指同一轮系的水轮机，水流在过流部分对应点上的作用力，如压力、惯性力、重力、黏性力和摩擦力等同名力的方向相同，力的大小成比例。

在模型试验中和在参数的应用换算中，要完全满足上述条件是有困难的，因此可忽略相对糙度，水流的黏性力和重力等一些次要因素的影响，以便抓住主要影响因素，得出初步的相似公式，然后再针对某些不足之处加以修正，以满足较方便地将模型试验的成果，换算到原型水轮机上去。

第二节　水轮机的相似律、单位参数和比转速

一、水轮机的相似律

在同一轮系的水轮机之间进行参数换算时，并不直接应用上述相似条件来表示，而是以工况的相似性来表示。如果两个水轮机的工况相似，则转轮中对应点的水流速度三角形应是相似的，这种相似常以该工况下的水头、流量、转速、出力和效率之间的关系来表示，这些参数之间的固定关系称为水轮机的相似律（或称为相似公式），它们有：

1. 流量相似律

通过水轮机的有效流量可按下式计算：

$$Q\eta_r = V_{m1}F_1 = V_1 \sin\alpha_1 \pi b_0 D_1 = K_{v1}\sqrt{2gH\eta_s} \sin\alpha_1 \pi b_0 D_1$$

式中 V_{m1}——水流在转轮进口处的轴面流速；

      F_1——转轮进口处的过水断面积；

      f——叶片的排挤系数；

      K_{v1}——进口流速系数。

将导叶的高度 b_0 用其相对值 $\bar{b}_0$ 表示，即 $\bar{b}_0 = \dfrac{b_0}{D_1}$，则 F_1 可写为

$$F_1 = \pi f \bar{b}_0 D_1^2 = a D_1^2$$

式中 a——系数，$a = \pi f \bar{b}_0$。

则得

$$\frac{Q\eta_r}{D_1^2 \sqrt{H\eta_S}} = aK_{v1} \sqrt{2g} \sin\alpha_1$$

同样，对模型水轮机亦可写出：

$$\frac{Q_M\eta_{rM}}{D_{1M}^2 \sqrt{H_M\eta_{SM}}} = a_M K_{v1M} \sqrt{2g} \sin\alpha_{1M}$$

上两式右端均为常数项，对同一轮系的水轮机 $a = a_M$；在速度三角形相似的情况下 $\alpha_1 = \alpha_{1M}$；进口流速系数主要与水流进口角有关，并在忽略了其相对糙度的影响下，可以认为 $K_{v1} = K_{v1M}$。由此可写出：

$$\frac{Q_M\eta_{rM}}{D_{1M}^2 \sqrt{H_M\eta_{SM}}} = \frac{Q\eta_r}{D_1^2 \sqrt{H\eta_S}} = 常数 \tag{3-6}$$

式（3-6）即为几何相似的水轮机在相似工况下流量之间应保持的固定关系，称为水轮机的流量相似律。在应用中，直径 D_{1M}、D_1，水头 H_M、H 为定值，若效率 η_{rM}、η_{SM}、η_r、η_S 为已知时，则可由测得的 Q_M 求得原型水轮机的流量 Q。

2. 转速相似律

水流在转轮进口处的圆周速度 U_1 可由下式表示：

$$U_1 = \frac{\pi D_1 n}{60} = K_{v1} \sqrt{2gH\eta_S}$$

上式亦可写为

$$\frac{nD_1}{\sqrt{H\eta_S}} = \frac{60 K_{v1} \sqrt{2g}}{\pi} = 86.4 K_{v1}$$

同样，对模型水轮机亦可写出：

$$\frac{n_M D_{1M}}{\sqrt{H_M \eta_{SM}}} = 86.4 K_{v1M}$$

上两式右端亦均为常数项，其中 K_{v1} 为水流在转轮进口处圆周速度系数，对同一轮系的水轮机保持运动相似时亦可认为 $K_{v1} = K_{v1M}$，则亦可写出：

$$\frac{n_M D_{1M}}{\sqrt{H_M \eta_{SM}}} = \frac{nD_1}{\sqrt{H\eta_S}} = 常数 \tag{3-7}$$

式（3-7）称为水轮机的转速相似律。同样，在其他因素为已知时，亦可由测得的模型水轮机转速 n_M 求得原型水轮机的转速 n。

3. 出力相似律

水轮机的出力可按下式计算：

$$N = 9.81QH\eta$$

将前述水轮机流量的关系式代入上式得

$$N = 9.81aK_{v1}\sqrt{2gH\eta_S}\sin\alpha_1 D_1^2 \frac{1}{\eta_r}H\eta$$

再将 $\eta = \eta_S\eta_r\eta_j$ 的关系式代入上式，并将上式改写为

$$\frac{N}{D_1^2(H\eta_S)^{3/2}\eta_j} = 9.81aK_{v1}\sqrt{2g}\sin\alpha_1$$

同样，对模型水轮机亦可写出：

$$\frac{N_M}{D_{1M}^2(H_M\eta_{SM})^{3/2}\eta_{jM}} = 9.81a_M K_{v1M}\sqrt{2g}\sin\alpha_{1M}$$

由前述分析可知，上两式右端的各常数项在水轮机保持几何相似和运动相似的情况下亦分别相等，故

$$\frac{N_M}{D_{1M}^2(H_M\eta_{SM})^{3/2}\eta_{jM}} = \frac{N}{D_1^2(H\eta_S)^{3/2}\eta_j} = 常数 \tag{3-8}$$

式（3-8）称为水轮机的出力相似律。同样，在其他因素为已知时，亦可由测得的模型水轮机出力 N_M 求得原型水轮机的出力 N。

二、单位参数

以上所得出的水轮机相似律的式（3-6）～式（3-8）在理论上是精确的，但在应用上尚存在以下问题。

在进行水轮机模型试验时，由于各试验研究单位的条件和要求不同，所使用的模型直径 D_{1M} 和装置的水头 H_M 也不一样，因此得出的模型参数也不统一，这样就不便于应用，更重要的是不便于在不同轮系之间进行比较和评定它们的特性。为此通常采用将模型试验的成果都化引为 $D_{1M}=1m$，$H_M=1m$ 标准情况下的参数，此参数称为单位参数，或称为化引参数。单位参数有单位流量，用 Q'_1 表示；单位转速，用 n'_1 表示；单位出力，用 N'_1 表示。

又水轮机的水力效率 η_S，容积效率 η_r 和机械效率 η_j 都很难从总效率 η 中划分出来，所以上述相似律的公式实际上得不出精确的结果，同时原型水轮机的总效率事先也不知道。所以在上列相似率的公式中可先假定 $\eta_S = \eta_{SM}$、$\eta_r = \eta_{rM}$、$\eta_j = \eta_{jM}$ 和 $\eta = \eta_M$。实际上原型水轮机的效率总是大于模型水轮机的效率，这将在以后予以修正。

将上述化引条件 $D_{1M}=1m$，$H_M=1m$ 和原型与模型水轮机各项效率分别相等的假定代入式（3-6）～式（3-8）中，便得出相应的单位参数公式为

$$Q'_1 = \frac{Q}{D_1^2\sqrt{H}} \quad 或 \quad Q = Q'_1 D_1^2\sqrt{H} \tag{3-9}$$

$$n'_1 = \frac{nD_1}{\sqrt{H}} \quad 或 \quad n = \frac{n'_1\sqrt{H}}{D_1} \tag{3-10}$$

$$N'_1 = \frac{N}{D_1^2 H^{3/2}} \quad 或 \quad N = N'_1 D_1^2 H^{3/2} \tag{3-11}$$

式（3-9）～式（3-11）中，水头 H 用 m 表示，流量 Q 用 m^3/s 表示，直径 D_1 用 m 表示，转速 n 用 r/min 表示，出力 N 用 kW 表示；相应的单位参数的单位为：Q'_1 为 m^3/s 或 L/s，n'_1 为 r/min，N'_1 为 kW。

同样，单位参数对同一轮系的水轮机在不同的相似工况下亦分别为一常数。单位参数可由模型试验的资料整理计算得出，这样在水轮机设计、选型和运行中就可很方便地应用它们以确定原型水轮机在相应工况下的参数，同时亦可借助特征工况（如最优工况或限制工况）下的单位参数以进行水轮机不同轮系之间的比较。

以上所得出的相似律公式仅适用于反击式水轮机。对水斗式水轮机，它的单位参数亦可按同样的方法求得，不过这些参数是用射流直径 d_0、喷嘴个数 z_0 和转轮直径 D_1 来表示的。水斗式水轮机的单位参数分别为：

1. 单位流量

水斗式水轮机的引水流量可按式（2-45）写为

$$Q = \frac{\pi}{4} d_0^2 k_V \sqrt{2gH} z_0 = 3.48 k_V z_0 d_0^2 \sqrt{H}$$

将上式代入式（3-9）整理后得

$$Q'_1 = 3.48 k_V z_0 \left(\frac{d_0}{D_1}\right)^2 \tag{3-12}$$

2. 单位转速

水斗式水轮机圆周速度亦可按下式计算：

$$U = \frac{\pi D_1 n}{60} = k_U \sqrt{2gH}$$

则

$$n = \frac{60 k_U \sqrt{2gH}}{\pi D_1} = 84.6 k_U \frac{\sqrt{H}}{D_1}$$

将上式代入式（3-10）整理后得

$$n'_1 = 84.6 k_U \tag{3-13}$$

水斗式水轮机最有利的圆周速度系数 $k_U = 0.42 \sim 0.48$，则 $n'_1 = 35.3 \sim 40.6$ 之间，由此可见水斗式水轮机的单位转速的变动范围是很狭窄的。

3. 单位出力

水斗式水轮机的出力亦可写为

$$N = 9.81 QH\eta = 9.81 Q'_1 D_1^2 H^{3/2} \eta$$

代入式（3-11）整理后得

$$N'_1 = 9.81 Q'_1 \eta$$

再将式（3-12）之关系代入上式整理后得

$$N'_1 = 34.14 k_V z_0 \left(\frac{d_0}{D_1}\right)^2 \eta \tag{3-14}$$

通常应用单位参数 n'_1 和 Q'_1 来表示水轮机的运行工况，当两个几何相似的水轮机在其 n'_1 和 Q'_1 对应相等时，则这两个水轮机的工况是相似的。但这是忽略了两者之间在效率上的差别，忽略了通流部件（蜗壳和尾水管）的异形影响，以及忽略了吸出高和汽蚀影响下得出来的，所以它们之间的工况相似只能认为是近似相似的。

三、水轮机的比转速

在式（3-10）和式（3-11）中消去 D_1 后得

$$n'_1\sqrt{N'_1}=\frac{n\sqrt{N}}{H^{5/4}}$$

对于几何相似的水轮机在相似工况下运行时，它们的 n'_1、N'_1 都分别相等，因此 $n'_1\times\sqrt{N'_1}$ ＝常数。当 N'_1＝1kW 时，n'_1 用 n_S 表示，称为水轮机的比转速，即

$$n_S=\frac{n\sqrt{N(\mathrm{kW})}}{H^{5/4}}\quad(\mathrm{m\cdot kW}) \tag{3-15}$$

所以水轮机比转速的定义是：同一轮系中的水轮机，当其工作水头 H＝1m、出力 N＝1kW 时所具有的转速。

当出力 N 用马力（1HP＝0.736kW）表示时，水轮机的比转速亦可写为：

$$n_S=0.857\frac{n\sqrt{N(\mathrm{HP})}}{H^{5/4}}\quad(\mathrm{m\cdot kW}) \tag{3-16}$$

比转速 n_S 是一个与水轮机直径无关的常数，它集中反映了水轮机的转速 n、水头 H 和出力 N 之间的关系，所以是代表水轮机特性的一个非常重要的综合性参数，一般应用它来代表水轮机轮系的特征，还可应用它来进行不同轮系水轮机之间的特性比较。但当工况不同时，n_S 亦随之变动，所以通常规定在设计工况时，亦即在设计水头、额定转速和水轮机额定出力时的比转速作为该水轮机轮系的代表特征参数（也有采用最优工况下的比转速作为代表的），也可作为水轮机选择的主要依据。国内外大都采用比转速进行水轮机的分类，现代各型水轮机的比转速范围见表 3-1。

表 3-1　水轮机比转速分类

水轮机型式	比转速 n_S		
	低	中	高
冲击式	4～15	16～30	31～70
混流式	60～150	151～250	251～400
轴流式	300～450	451～700	701～1100

我国颁发的水轮机型谱中，对水轮机转轮的型号就应用 n_S 来表示（表 4-1～表 4-5)，它推荐的设计比转速与设计水头之间的关系为：

轴流式水轮机　　　　　　　$n_S=\dfrac{2300}{\sqrt{H}}$

混流式水轮机　　　　　　　$n_S=\dfrac{2000}{\sqrt{H}}-20$

比转速 n_S 还可用单位参数来表示，将下列二式：

$$n=\frac{n'_1\sqrt{H}}{D_1}$$

$$N=9.81QH\eta=9.81Q'_1D_1^2H^{3/2}\eta$$

代入式（3-15）并整理后得

$$n_S=3.13n'_1\sqrt{Q'_1\eta}\quad(\mathrm{m\cdot kW}) \tag{3-17}$$

从式（3-17）还可看出，在一定水头下提高比转速 n_S 时，就意味着 $Q'_1\eta$ 和 n'_1 的增大。其中 $Q'_1\eta$ 增大时则水轮机的功率增大；n'_1 增大时则水轮机的转速增大，这可缩小机组尺寸，减轻机组重量和降低水电站的投资。所以提高比转速对水轮机组和水电站的动能

经济技术指标都是有利的，尤其对大型机组和大型水电站则更为显著，因此在选型时也都希望选用比转速较高的水轮机。但必须注意，当提高水轮机的比转速时，其汽蚀系数亦随之迅速增大，这种关系可以下列经验公式来表达[21]：

$$\sigma = \frac{(n_S + 30)^{1.8}}{200000} \qquad (3-18)$$

而增大了的汽蚀系数将会增大厂房的开挖深度或减小水轮机的寿命。所以选择水轮机时，其合理的比转速应通过动能经济比较确定。

不同的比转速反映了不同轮系的能量特征，也就反映了不同轮系水轮机过流通道几何形状的特征。由式（3-17）可以看出，当 n'_1 一定时，比转速越高（也就是水轮机的型号值越大）时水轮机的单位流量 Q'_1 就越大，因此导叶的相对高度 $\frac{b_0}{D_1}$ 也越大，而转轮的叶片数目则越少，如图 3-2 所示。又因汽蚀系数亦随着比转速的增高而增高，对高比转速的水轮机，为了减小转轮出口流速，以降低汽蚀系数，则相应地使水轮机转轮的进、出口直径比 $\frac{D_2}{D_1}$（对混流式水轮机）增大，轮毂比 $\frac{d_B}{D_1}$（对轴流式水轮机）减小，如图 3-2 所示。

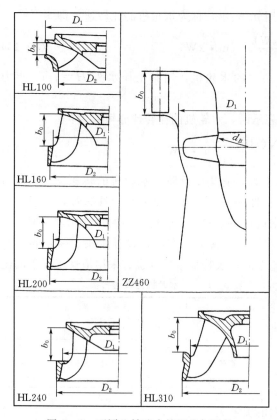

图 3-2　不同比转速水轮机几何形状

对水斗式水轮机的比转速，当用射流直径 d_0、喷嘴个数 z_0 和转轮直径 D_1 表示时，可将式（3-12）及式（3-13）代入式（3-17）得

$$n_S = 3.13 \times 84.6 k_U \sqrt{3.48 k_V z_0 \eta} \, \frac{d_0}{D_1}$$

$$= 494 k_U \frac{d_0}{D_1} \sqrt{k_V z_0 \eta}$$

若取 $k_U = 0.475$，$k_V = 0.97$，$\eta = 0.86$ 时，则得

$$n_S = 214 \frac{d_0}{D_1} \sqrt{z_0} \quad (\text{m} \cdot \text{kW}) \qquad (3-19)$$

由式（3-19）可见，比转速 n_S 与 $\sqrt{z_0}$ 成正比，所以目前多采用增加喷嘴数目的办法来提高水斗式水轮机的比转速。

综合上述情况可知，比转速对水轮机的设计制造、选型和运行上都有其重大作用，因而它是水轮机主要代表性参数之一。

第三节 水轮机的效率换算与单位参数的修正

一、水轮机的效率换算

在上节得出的单位参数公式（3-9）～式（3-11），是假定在相似工况下模型水轮机与原型水轮机效率相等的条件下得出的，而实际上两者的效率是有差别的。因此需要将试验所得出的模型水轮机效率，考虑其影响因素经过换算以求得原型水轮机的效率。

原型水轮机与模型水轮机效率不相等的主要原因是两者的直径和水头相差较大，由此原型水轮机的相对糙度和相对黏性力就小得多，相对水力损失也小得多，因而原型水轮机的效率总是高于模型水轮机的效率，一般高出 2% 以上，对大型水轮机可达 7%。

在水轮机的总效率中，水力损失是主要的，容积损失和机械损失所占的分量很小，为了简化起见可略去容积损失和机械损失，并以水力效率 η_s 近似地代替水轮机的总效率 η。而在水力损失中尚包括沿程损失和局部损失，其中局部损失的数值也是很难计算的，为此先着重研究水轮机在最优工况下的水力损失，此时局部撞击损失和涡流损失便不存在，而只考虑沿程损失。

考虑到水轮机中的水力黏性摩阻损失与圆管相类似，所以水轮机的沿程损失可采用达西公式计算，即

$$h_f = \lambda \frac{L}{D_1} \frac{V^2}{2g} \tag{3-20}$$

在最优工况下，一般把水轮机过流通道表面看作是水力光滑的，此时 λ 仅与雷诺数 Re 有关，而雷诺数增大时将会导致 λ 值的减小，其关系式为

$$\lambda = \frac{0.316}{Re^m}$$

式中 λ——沿程阻力系数；

L、D_1——转轮流道的线性长度和转轮直径，可表示为 $k = \dfrac{L}{D_1}$；

V——转轮中的平均流速；

m——指数。

将上述 λ 的表达式代入式（3-20），得

$$h_f = \frac{0.316k}{Re^m} \cdot \frac{V^2}{2g}$$

对同一轮系的模型水轮机，亦可写出在最优工况下的上列关系式，即

$$h_{fM} = \frac{0.316k_M}{Re_M^m} \cdot \frac{V_M^2}{2g}$$

将上两式相比，并考虑到 V^2 与水头 H 成正比，则得

$$\frac{h_f}{h_{fM}} = \left(\frac{Re_M}{Re}\right)^m \cdot \frac{H}{H_M}$$

引入关系式：
$$\frac{h_f}{H} = 1 - \eta_S$$

得
$$\frac{1 - \eta_S}{1 - \eta_{SM}} = \left(\frac{R\,e_M}{Re}\right)^m \tag{3-21}$$

其中雷诺数的表达式为

$$Re = \frac{VD_1}{\gamma} = \frac{D_1\sqrt{2gH}}{\gamma}$$

$$R\,e_M = \frac{D_{1M}\sqrt{2gH_M}}{\gamma_M}$$

式中　γ——水的运动黏性系数。

将上述表达式引入式（3-21），并认为水流的温度相同，则 $\gamma = \gamma_M$。由此得

$$\eta_S = 1 - (1 - \eta_{SM})\left(\frac{D_{1M}}{D_1}\right)^m\left(\frac{H_M}{H}\right)^{m/2}$$

在最优工况下，水轮机的水力效率最大，也就是水轮机的总效率最大，故将上式改写为

$$\eta_{max} = 1 - (1 - \eta_{Mmax})\left(\frac{D_{1M}}{D_1}\right)^m\left(\frac{H_M}{H}\right)^{m/2} \tag{3-22}$$

指数 m 与水头有关，可由原型水轮机的现场试验和观测资料统计得出。以往文献中曾推荐使用 $m = \frac{1}{4}$ 或 $\frac{1}{5}$；同时对轴流式水轮机还认为在最优工况时，仅有 70% 的损失是由水力摩阻引起的，而其余的 30% 是动能损失，它与水轮机的尺寸和水头的变化无关，可不予以修正。据此，1963 年国际电工委员会（IEC）在《水轮机模型试验的验收规程》中推荐采用下列效率换算公式：

对于混流式水轮机：

$$\eta_{max} = 1 - (1 - \eta_{Mmax})\sqrt[5]{\frac{D_{1M}}{D_1}} \tag{3-23}$$

对于轴流式水轮机：

$$\eta_{max} = 1 - (1 - \eta_{Mmax})\left(0.3 + 0.7\sqrt[5]{\frac{D_{1M}}{D_1}}\sqrt[10]{\frac{H_M}{H}}\right) \tag{3-24}$$

模型水轮机的最高效率 η_{Mmax} 可通过试验求得，由此应用式（3-23）、式（3-24）便可换算求得原型水轮机的最高效率 η_{max}。但对于偏离最优工况的其他一般工况，若同样采用上列公式进行效率换算时，所得出的效率偏高，不宜采用。通常可按下式进行换算：

$$\eta = \eta_M + \Delta\eta \tag{3-25}$$

式中　η、η_M——原型与模型水轮机在非最优工况时的效率，η_M 可由试验求得；

　　　$\Delta\eta$——最高效率点的效率修正值。

$$\Delta\eta = \eta_{max} - \eta_{Mmax} \tag{3-26}$$

混流式水轮机的最优工况只有一个，所以 $\Delta\eta$ 为常数。而转桨式水轮机，每一个叶片转角 φ 都有一个最优工况，因此其效率修正值应对每个不同的叶片转角 φ 采用相应的效率修正值 $\Delta\eta_\varphi$，$\Delta\eta_\varphi$ 可由下式求得：

$$\Delta\eta_\varphi = \eta_{\varphi\max} - \eta_{\varphi M\max} \tag{3-27}$$

式中　$\eta_{\varphi\max}$、$\eta_{\varphi M\max}$——原型水轮机与模型水轮机在叶片转角为 φ 时的最高效率，$\eta_{\varphi M\max}$ 由试验得出，$\eta_{\varphi\max}$ 可由式（3-24）求得。

在该 φ 角的其他一般工况下，水轮机的效率 η_φ 亦可由该工况下的模型效率 $\eta_{\varphi M}$ 与上述的 $\Delta\eta_\varphi$ 求得，即

$$\eta_\varphi = \eta_{\varphi M} + \Delta\eta_\varphi \tag{3-28}$$

原型水轮机的加工质量往往低于模型水轮机，而采用的蜗壳和尾水管的型式也往往与模型水轮机有所不同，所以上述修正值（$\Delta\eta$、$\Delta\eta_\varphi$）尚应计入工艺质量差别和异形部件的影响。

对水斗式水轮机，合理的直径比为 $\dfrac{D_1}{d_0} = 10\sim20$，在此范围内水轮机的效率随尺寸的变化并不显著，因此可不作修正，即认为 $\eta = \eta_M$。

二、单位参数的修正

考虑到原型水轮机与模型水轮机效率不同的影响，对第二节所得出的单位参数 n'_1 和 Q'_1 也必须加以修正。

如前所述，当忽略容积损失和机械损失，并以水力效率 η_s 作为总效率 η 时，则可将式（3-6）及式（3-7）改写为

$$\frac{Q'_{1M}}{\sqrt{\eta_M}} = \frac{Q'_1}{\sqrt{\eta}}$$

$$\frac{n'_{1M}}{\sqrt{\eta_M}} = \frac{n'_1}{\sqrt{\eta}}$$

在最优工况时，模型与原型水轮机的最高效率分别为 $\eta_{M\max}$、$\eta_{\max}$，单位流量分别用 Q'_{10M}、Q'_{10} 表示，单位转速分别用 n'_{10M}、n'_{10} 表示，则上两式可写为

$$Q'_{10} = Q'_{10M}\sqrt{\frac{\eta_{\max}}{\eta_{M\max}}} \tag{3-29}$$

$$n'_{10} = n'_{10M}\sqrt{\frac{\eta_{\max}}{\eta_{M\max}}} \tag{3-30}$$

由此可以得出 Q'_1 和 n'_1 的修正值为

$$\Delta Q'_1 = Q'_{10} - Q'_{10M} = Q'_{10M}\left(\sqrt{\frac{\eta_{\max}}{\eta_{M\max}}} - 1\right) \tag{3-31}$$

$$\Delta n'_1 = n'_{10} - n'_{10M} = n'_{10M}\left(\sqrt{\frac{\eta_{\max}}{\eta_{M\max}}} - 1\right) \tag{3-32}$$

由此修正值，便可求得原型水轮机在其他工况下的单位流量 Q'_1 和单位转速 n'_1：

$$Q'_1 = Q'_{1M} + \Delta Q'_1 \tag{3-33}$$

$$n'_1 = n'_{1M} + \Delta n'_1 \tag{3-34}$$

一般 $\Delta Q'_1$ 与单位流量 Q'_1 相比很小，可忽略不计，即不再进行单位流量的修正。对单位转速，当 $\dfrac{\Delta n'_1}{n'_{10M}} = \left(\sqrt{\dfrac{\eta_{\max}}{\eta_{M\max}}} - 1\right) < 3\%$ 时，$\Delta n'_1$ 亦可忽略不计，也不再进行单位转速的修正。

第四节　水轮机的模型试验

为了能使水轮机在工作范围内高效率地稳定运行，就迫切需要研究水轮机在各种工况下的能量特性和汽蚀特性等。随着流体绕流理论和计算技术的发展，水轮机的水力计算也在不断地完善，但是由于水流通过转轮的实际流动是很复杂的，对水轮机的特性，从理论上目前只能在某些假定的基础上对某些工况（如最优工况）进行一些分析计算，但在其他一般工况下，由于撞击，脱流及涡流等水力现象的出现，使问题更难解决。同样，对水轮机的汽蚀特性也是很难用理论分析的方法研究得清楚的。所以要得出水轮机在各种运行工况下的特性值，就必须依靠水轮机的模型试验来获得。

水轮机的模型试验，是按一定比例将原型水轮机缩小为模型水轮机，并采用较低的模型水头和较小的模型流量进行试验，测定出各工况下的工作参数，然后通过相似公式换算和修正得出该轮系的综合参数。模型水轮机的直径 D_{1M} 通常采用的有 250mm、350mm、460mm 三种；模型试验所采用的水头 H_M 一般为 2～6m；流量为 20～30L/s，而不大于2000L/s。具体数值可按试验的要求精度、经济合理、制作和安装可行等条件确定。

此外尚应指出，在水电站正常运行中，水轮机的转速保持为额定转速不变，即 $n=$ 常数，而水头 H 和流量 Q 随着水库调节和负荷要求而经常变化，这也就改变了水轮机的运行工况。但在模型试验中，若采取改变水头的方式，会使试验装置变得很复杂，有时很难实现，所以一般采用 $H_M=$ 常数，而改变转速 n_M 和流量 Q_M 进行实验。这种模型水轮机在 $H_M=$ 常数下，改变 n_M 和 Q_M 与原型水轮机在 $n=$ 常数下改变 Q 和 H 的情况，根据相似理论仍能构成相似工况，从而保证了使模型试验的成果能够按模型与原型水轮机在保持工况相似的条件下进行参数之间的换算。

水轮机模型试验的任务主要是测定各种工况下的能量特性、汽蚀特性、飞逸特性、轴向水推力及过流部件的力特性等，由于篇幅所限，本节仅介绍反击式水轮机的能量试验。

水轮机模型的能量试验主要是测定模型水轮机在各种工况下的运行效率 η_M，进行这种试验的装置称为水轮机的能量试验台，如图 3-3 所示。现将能量试验台的组成及参数

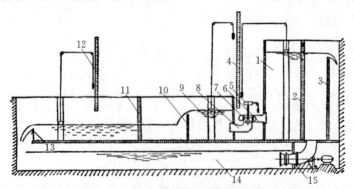

图 3-3　反击式水轮机能量试验台

1—压力水箱；2、11—稳流栅；3—溢水板；4—标尺；5—测功器；6—压力水管；7—模型水轮机；8—弯曲尾水管；9—尾水槽；10—溢流闸板；12—浮筒水位计；13—测流堰板；14—回水槽；15—水泵

的测定与计算分述如下：

一、能量试验台的组成

1）压力水箱：压力水箱 1 是一个具有自由水面和很大容积的水箱，它相当于实际水电站中的上游水库。由水泵 15 向水箱供水，多余的水可由溢水板 3 的顶部溢入回水槽 14，溢水板的高度可以调节，使水箱保持有稳定而必须的上游水位。通过稳流栅 2 使水流均匀地流向水轮机的进水口。

2）引水室：引水室相当于水轮机的引水和进水设备，在模型试验中有采用明槽引水，也有采用压力引水管引水的。在图 3-3 中采用压力水管 6 从压力水箱将水引入水轮机蜗壳。

3）模型水轮机：在图 3-3 中，所安装的模型水轮机 7，为一竖轴轴流式水轮机，在轴的顶端装有测功器 5，在转轮下部装有弯曲尾水管 8，为了进行不同方案的试验，模型水轮机的结构应设计得灵活而留有余地，以便进行部件的更换。

4）尾水槽：尾水槽 9 设在尾水管出口以后，它相当于水电站的尾水渠。在槽的末端装有可调节的溢流闸板 10 以保持稳定而必须的下游水位。

5）堰槽：尾水槽以后即为堰槽，它的作用是测定模型水轮机的流量，为此堰槽需要有相当的长度以稳定水流。槽中装有稳流栅 11，槽末装有测流堰板 13，堰板前装有浮筒水位计 12 以测定堰上水位。

6）回水槽：通过测流堰的水流，流入回水槽 14，然后再用水泵 15 抽送到压力水箱。以保证试验过程中水的循环。

二、试验参数的测量

1）水头 H_M 的测量：作用在模型水轮机上的水头 H_M 实际上就等于上游压力水箱和下游尾水槽水位之差。图 3-3 中的装置是通过上、下游浮筒将水位传送到标尺 4 上以进行 H_M 的测量。

2）流量 Q_M 的测量：通过模型水轮机的流量 Q_M 通常采用率定过的堰板（三角堰或矩形堰）进行测量，由浮筒水位计测得的堰上水位，便可得出流量 Q_M 的数值。

3）转速 n_M 的测量：通常采用机械转速表在主轴顶端直接测量。为了提高精度，目前多采用电子脉冲器或光电测速仪等进行测量。

4）功率 N_M 的测量：主要是指模型水轮机输出轴功率 N_M 的测量，通常是用机械测功器（如图 3-4 所示）或电磁测功器（如图 3-5 所示）进行测量，它们都是通过测量主轴的制动力矩来进行的。

图 3-4 所示的机械测功器是在模型水轮机的主轴上装一制动轮，在制动轮的周围设置闸块（牛皮或木片），闸块外围为

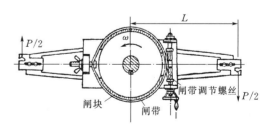

图 3-4 机械测功器

钢带，也称为闸带，它可由端部的调节螺丝控制以改变制动轮和闸块之间的摩擦力。闸带装置在测功架上，在机组转动时，可改变负荷（拉力 P）使测功架保持平衡不动，则此时主轴的主动力矩与制动轮的制动力矩（亦即摩擦力矩）相平衡。则制动力矩 M 为

$$M = PL \quad (\text{N} \cdot \text{m})$$

再由当时测得的转速 n_M 便可计算出模型水轮机的轴功率 N_M 为

$$N_M = M\omega = PL\frac{2\pi n_M}{60 \times 1000} = \frac{PLn_M}{9549.3} \quad (\text{kW})$$

(3-35)

图 3-5 所示的电磁测功器是采用一特制的直流发电机，其转子装在主轴顶端，定子固定在滚珠轴承上，当主轴带动发电机转子旋转时，转子线圈产生感应电流，并与定子磁场作用，吸住并迫使定子一起旋转，此时可调节制动力 P 使定子处于平衡稳定状态，可将制动力 P 和半径 L，以及相应的转速 n_M 代入式（3-35）便可求得水轮机的轴功率 N_M。

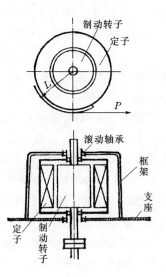

图 3-5　电磁测功器

三、综合参数的计算

为了求得模型水轮机全部工作范围内的能量特性，采用在不同导叶开度下进行试验，一般从最小开度到最大开度之间选用 4～8 个开度，在每个开度下通过调节闸带螺丝（对电磁测功器可调节负载电阻）改变负荷 P 作 6～8 个工况点，由每个工况点所测得的工作参数 H_M、Q_M、n_M 及 N_M 便可计算该工况下模型效率 η_M 及其相应的单位参数：

模型水轮机的水流输入功率 N_{SM} 为

$$N_{SM} = 9.81Q_M H_M \quad (\text{kW})$$

则模型水轮机的效率 η_M 为

$$\eta_M = \frac{N_M}{N_{SM}} = \frac{N_M}{9.81Q_M H_M}$$

(3-36)

单位转速

$$n'_1 = \frac{n_M D_{1M}}{\sqrt{H_M}}$$

单位流量

$$Q'_1 = \frac{Q_M}{D_{1M}^2 \sqrt{H_M}}$$

将测得的全部工况点的参数和计算得的综合参数均依次列入下列能量试验记录表3-2中。

表 3-2　　　　　　　　　　水轮机能量试验记录表

转轮型号_____

导叶开度 a_{0M} (mm)	工况点序号	试验水头 H_M (m)	转速 n_M (r/min)	制动力 P (N)	轴功率 N_M (kW)	堰顶水深 h (m)	流量 Q_M (m³/s)	输入功率 N_{SM} (kW)	单位流量 Q'_1 (L/S)	单位转速 n'_1 (r/min)	效率 η_M (%)	备注
a_{0M1}	1 2 3 ⋮											
a_{0M2}	1 2 3 ⋮											

对转桨式水轮机,在叶片不同转角 $\varphi=$ 常数的情况下,同样进行上述各种开度下的工况点试验,计算其相应的效率和单位参数并依次列入相应的记录表中。

第五节　水轮机的飞逸转速和轴向力

水轮机的飞逸转速和轴向力也是水轮机的主要参数,它对水轮机的安全运行起着重要的作用,也是机组结构和厂房结构设计的重要依据,现对它们进行分析和计算。

一、反击式水轮机的飞逸转速

机组在正常运行时其转速保持为额定转速不变,但当机组因某些事故突然丢弃全部负荷时,输出功率为零,此时如果由于调速系统失灵或其他原因使导叶不能关闭,而水流的输入功率依然存在,则水轮机因空转而使转速迅速升高,当水流能量与转速升高时的机械摩擦损失能量相平衡时,转速达到某一稳定的最大值,这个最大的空转转速称为水轮机的飞逸转速,用 n_f 表示。

水轮机的飞逸转速的数值亦可通过模型试验求得:对混流式水轮机和轴流定桨式水轮机,亦可在不同导叶开度下使测功器的负荷 $P=0$,待转速上升达到稳定时,即可测得模型的飞逸转速 n_{fM},由此便可计算出相应的单位飞逸转速 n'_{1f} 为:

$$n'_{1f}=\frac{n_{fM}D_{1M}}{\sqrt{H_M}} \qquad (3-37)$$

对轴流转桨式水轮机,可对叶片的每一转角 φ 在不同导叶开度下进行上述同样的试验,亦可求得其在各种工况下的单位飞逸转速 n'_{1f}。该试验可分为两种情况进行,即当导水机构、叶片操作机构同时失灵时,两者的协联机构尚保持完好或遭受破坏。一般是按协联机构完好情况进行试验,但在特殊情况(如引进或出口的机组)下亦可按协联机构破坏的情况进行试验。

在设计中主要选取最大单位飞逸转速值 $n'_{1f\max}$ 以计算原型水轮机的飞逸转速 $n_{f\max}$,即

$$n_{f\max}=n'_{1f\max}\frac{\sqrt{H_{\max}}}{D_1} \quad (\text{r}/\text{min}) \qquad (3-38)$$

表 3-3 中给出了部分水轮机采用的 $n'_{1f\max}$ 值。对 ZZ600 和 ZZ460,分子、分母分别表示协联机构破坏、完好时的最高单位飞逸转速。

表 3-3　　　　　　　　　　部分水轮机采用的 $n'_{1f\max}$ 值

转轮型号	HL310	HL310*	HL240	HL230	HL220	HL200	HL110	ZZ660	ZZ460
$n'_{1f\max}$	163	174	155	128	133	131	93	$\dfrac{352}{280}$	$\dfrac{324}{240}$

*　为等厚叶片。

在初步计算中,如没有 $n'_{1f\max}$ 值时,水轮机的飞逸转速亦可按飞逸系数 K_f 和额定转速 n 进行估算,即

$$n_{f\max}=K_f n \qquad (3-39)$$

对混流式水轮机　　　　　　　$K_f=1.7\sim2.0$

对保持协联关系的轴流转桨式水轮机　　$K_f=2.0\sim2.2$

对协联关系破坏的轴流转桨式水轮机　　　$K_f = 2.4 \sim 2.6$

当机组发生飞逸时，其转动部分（水轮机的转轮、主轴和发电机的转子）的转速比额定转速如增大两倍时，则其离心力将增大 4 倍，这将会引起机组转动部件的破坏和机组与厂房的强烈振动。因此，除了在机组部件和厂房结构需要按飞逸情况进行设计外，为了减轻这种影响，制造厂还规定机组的飞逸时间应不超过两分钟，所以在水电站设计中，在水轮机之前的引水管道上应设置快速阀门（或进口快速闸门），由专门的电动机或油压系统操作。当机组发生飞逸，转速升高到 $1.4 \sim 1.5$ 倍的额定转速而导叶不能关闭时，可在动水中迅速关闭此一阀门，保证在两分钟内截断水流，使水轮机的输入功率为零，促使机组转速很快下降并停止转动。

二、反击式水轮机的轴向力

水轮机的轴向力是指水轮机转动部分的轴向作用力，它包括转轮的轴向水推力、转轮和主轴的重量。

1. 转轮的轴向水推力

水轮机转轮的轴向水推力（用 P_S 表示）是水流流经转轮所引起的轴向力，它包括水流对转轮作功时产生的推力；在上冠、下环处因水压力产生的推力；以及转轮的上浮力等。P_S 值一般可按下式进行估算：

$$P_S = K_S \frac{\pi}{4} D_1^2 H_{max} \quad （t）$$

或　　　　　　　　　$$P_S = 9.81 K_S \frac{\pi}{4} D_1^2 H_{max} \quad （kN） \qquad （3-40）$$

式中　K_S——轴向水推力系数，可由试验获得。

表 3-4　轴流式水轮机轴向水推力系数

叶片数	4	5	6	7	8
水推力系数 K_S	0.85	0.87	0.90	0.93	0.95

对轴流式水轮机，K_S 值亦可由表 3-4 依转轮的叶片数查取；对混流式水轮机，K_S 值由表 3-5 查取，对水中含泥沙，密封间隙有磨损，或转轮直径较小，止漏环相对间隙较大的结构，选取较大的系数。

表 3-5　　　　　　　　混流式水轮机轴向水推力系数

转轮型号	HL310	HL240	HL230	HL220	HL200 HL180	HL160	HL120 HL110	HL100
水推力系数 K_S	0.37~0.45	0.34~0.41	0.18~0.22	0.28~0.34	0.22~0.28	0.20~0.26	0.10~0.13	0.08~0.11

2. 转轮和主轴的重量

转轮的重量 G_N 可按下式进行估算

对混流式水轮机：

$$G_N = [0.5 + 0.025(10 - D_1)]D_1^3 \quad （t）$$

或　　　　　$$G_N = 9.81[0.5 + 0.025(10 - D_1)]D_1^3 \quad （kN） \qquad （3-41）$$

若转轮系分瓣结构，则将上式计算的结果再增加 10% 的重量。

对轴流式水轮机：

$$G_N = 1.4 \overline{d_B} H_{max}^{0.1} D_1^{2.6} \quad (t)$$

或 $\qquad G_N = 13.73 \overline{d_B} H_{max}^{0.1} D_1^{2.6} \quad (kN) \qquad (3-42)$

式中 $\overline{d_B}$——转轮的轮毂比,$\overline{d_B} = \dfrac{d_B}{D_1}$。

水轮机主轴的重量 G_L 应根据机组布置型式具体计算。近似估算时:对中水头混流式水轮机可取 $G_L = (0.4 \sim 0.5) G_N$;对高水头混流式水轮机可取 $G_L \approx G_N$;对一根轴布置的机组,混流式取 $G_L = (0.7 \sim 0.8) G_N$,转桨式取 $G_L = (0.4 \sim 0.6) G_N$(高水头因轮毂比较大,可取大值)。

所以,水轮机总的轴向力 P_Z 为

$$P_Z = P_S + G_N + G_L \qquad (3-43)$$

对立轴式机组,该轴向力由推力轴承承担,再由机架传给发电机的混凝土机座。

三、水斗式水轮机的飞逸转速和轴向力

水斗式水轮机具有双重调节机构,在机组丢弃全部负荷时,在一般情况下折流板和针阀可将管道中的压力上升和机组的转速上升都控制在较低的数值。当机组发生飞逸时其飞逸转速可按下式估算:

$$n_{f max} = \frac{70\sqrt{H_{max}}}{D_1} \qquad (3-44)$$

或 $\qquad n_{f max} = (1.76 \sim 1.84) n \qquad (3-45)$

在结构上还可设置反向喷嘴以限制飞逸转速。

水斗式水轮机没有轴向水推力,立轴水斗式水轮机的轴向力仅包括转轮和主轴的重量,其数值可类比已生产过的机组。由于其轴向力较小,故可简化推力轴承的结构。

第六节 水轮机的模型综合特性曲线

如上所述,水轮机的特性是由水轮机各参数之间的关系来表示的,这些参数概括起来可分为结构参数、工作参数和综合参数。结构参数有转轮直径 D_1、导叶高度 b_0、导叶开度 a_0 和叶片转角 φ 等;工作参数有水头 H、流量 Q、转速 n 和吸出高 H_s 等;综合参数有单位转速 n_1'、单位流量 Q_1'、轴功率 N、效率 η 和汽蚀系数 σ 等。由于这些参数之间的关系较为复杂,目前尚不能用数学上的某种函数关系来表达它们之间的变化规律,所以通常采用关系曲线来表达。

水轮机各参数之间的关系曲线称为水轮机的特性曲线,这种特性曲线又可分为线性特性曲线和综合特性曲线两大类:前者仅能表示 $2 \sim 3$ 个参数之间的关系,比较简单;后者可综合表示多个参数之间的关系,反映全面,应用较广。原型水轮机的综合特性曲线也必须根据该轮系模型水轮机的综合特性曲线换算与绘制得出,为此下面着重讨论水轮机的模型综合特性曲线。

水轮机的模型综合特性曲线是由模型试验资料绘制而成的,如图 3-7 所示。它是以单位转速 n_1' 为纵坐标,以单位流量 Q_1' 为横坐标,并在坐标场里绘出了 η、a_0 和 σ 的等值线。由于该图就是模型水轮机的特性曲线图,所以图中各参数的符号就不再加注脚标

"M"。在图中每一组 n'_1 和 Q'_1 所对应的坐标点即代表一种工况，所以模型水轮机的综合特性曲线就给出了模型水轮机在所有运行工况下 a_0、η、σ 等的变化规律，亦即表示出模型水轮机的能量特性和汽蚀特性。

对于不同类型和不同型号的水轮机，由于其过流通道和转轮型式的不同，其模型综合特性曲线的形式也不一样，如图 3-7、图 3-9、图 3-10 和图 3-11 分别为 HL240、ZD760、ZZ440 型和 CJ20 型水轮机的模型综合特性曲线。现以这些图为例来说明不同类型水轮机的模型综合特性曲线的特点及其绘制方法。

一、混流式水轮的模型综合特性曲线

图 3-7 是 HL240 型水轮机的模型综合特性曲线，在图上绘有等开度线、等效率线、5％出力限制线和等汽蚀系数线。其绘制方法如下。

1. 等开度线的绘制

如图 3-6 (a) 所示，在 n'_1 和 Q'_1 的坐标场中，先根据模型试验资料（表 3-2 中的 n'_1 和 Q'_1）标出每一个工况点，然后将相同开度的点连成光滑曲线，这样就得出 $a_0 = f(n'_1、Q'_1)$ 的等值线。如图 3-7 中 $a_0 = 16\text{mm}$、20mm、24mm、28mm、32mm、36mm 的等开度线即是。

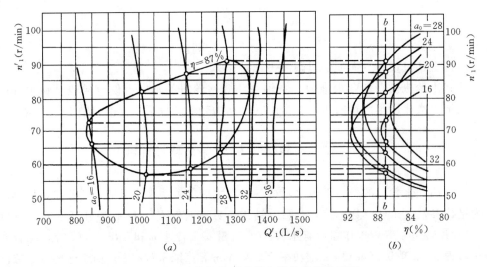

图 3-6　水轮机等开度线和等效率线的绘制

2. 等效率曲线的绘制

等效率曲线即是 $\eta = f(n'_1、Q'_1)$ 的等值线，在绘制时亦可由表 3-2 的试验资料首先绘制各开度下的 $\eta = f(n'_1)$ 曲线，如图 3-6 (b) 所示。然后取某一效率值（如 $\eta = 87\%$），并作出以该效率为常数的 b—b 线，它与 $\eta = f(n'_1)$ 的曲线簇交于许多点，再将这些点分别投影到图 3-6 (a) 中相应的开度线上，将各开度线上的交点连成一条光滑的曲线，便得出该效率（$\eta = 87\%$）的等效率线。同样，取不同的效率值（一般间隔 1％ 或 2％），便可绘出相应的等效率线，如图 3-7 上的环形曲线即是。

3. 5％出力限制线的绘制

5％出力限制线的作用是限制水轮机的工作范围，使水轮机能够稳定可靠地运行。对

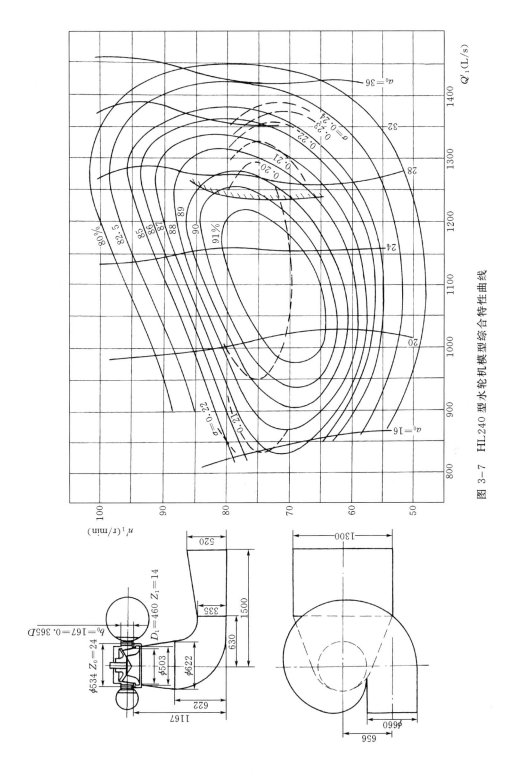

图 3-7 HL240 型水轮机模型综合特性曲线

水轮机的单位出力 N'_1 由式（3-11）可改写为

$$N'_1 = \frac{N}{D_1^2 H^{3/2}} = \frac{9.81 Q'_1 D_1^2 H^{3/2} \eta}{D_1^2 H^{3/2}} = 9.81 Q'_1 \eta \qquad (3-46)$$

在图 3-7 上先取任一 n'_1 值（如 $n'_1 = 70\text{r/min}$），并作该 n'_1 为常数的平线，它与等效率曲线相交于许多点，再将每个点上的 η 及 Q'_1 值分别代入上式计算，由计算结果便可绘制出 $N'_1 = f(Q'_1)$ 的辅助曲线，如图 3-8 所示。在该图上顶点 m 的坐标便给出了最大出力 N'_{1max} 及其相应的 Q'_1 值。根据加大负荷的需要，若再增大流量使 Q'_1 增大时，则由于水轮机水流条件的恶化，水力损失加大，使效率降低对 N'_1 的影响超出了 Q'_1 增大对 N'_1 的影响，因此造成的结果，使出力 N'_1 不但没有增加反而形成了某些降低（如 m 点右端的曲线下降），以致使水轮机的运行出现不稳定而导致工作的破坏。因此为了避免这种情况的发生，便采取限制工况的办法：规定水轮机只能在 $95\% N'_{1max}$ 的范围以内工作，其余的 $5\% N'_{1max}$ 作为安全裕量，也就是使水轮机在图 3-8 上的工作点不超出 L 点。由 L 点对应的 Q'_1 和原来选定的 n'_1（70r/min）便可在图 3-7 上找到相应的工况限制点。同样，亦可作出其他 n'_1 值时的限制点，并将这些点连成光滑的曲线便可得出 5% 出力限制线，为了明显起见此线一般用阴影线表示。只允许水轮机在限制线左边的范围内工作，从而也就保证了水轮机工作的稳定可靠。

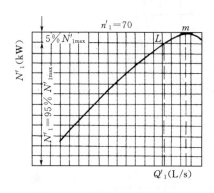

图 3-8　$N'_1 = f(Q'_1)$ 曲线

4. 等汽蚀系数线的绘制

由水轮机的汽蚀试验亦可求得在不同工况点 n'_1、Q'_1 下的 σ 值，将这些工况点标在图 3-7 上，并用绘制等高线的方法得出各等汽蚀系数线，如图中 $\sigma = 0.20$、0.21、0.22、0.23、0.24 的等值线即是。

以上所述，在 n'_1、Q'_1 的坐标场中绘出的四组曲线便构成了水轮机的模型综合特性曲线，前三组反映了水轮机的能量特性，而后一组则反映了水轮机的汽蚀特性。

图 3-7 是一中比转速 HL240 型水轮机的模型综合特性曲线，其等效率曲线的形状近似于椭圆，但其长轴与短轴的长度相差不大，这说明当水轮机的工作水头与流量变化时，其效率的变化也不大。

从图 3-7 上还可看出：在最内圈等效率（$\eta = 91\%$）曲线中面积的几何中心点上效率最高，所以该点相应的工况即为 HL240 型水轮机模型的最优工况，最优工况的参数可由该点查得 $\eta_{Mmax} = 92\%$（一般为最内圈效率加 1%），相应的最优单位转速 $n'_{10} = 72.0\text{r/min}$，最优单位流量 $Q'_{10} = 1100\text{L/s}$，汽蚀系数 $\sigma = 0.20$；再作 $n'_{10} = 72.0$ 的平线，它与 5% 出力限制线交于一点，该点的工况称为 HL240 型水轮机模型的限制工况，该工况的参数亦可由图上查得为 $Q'_{1max} = 1240\text{L/s}$，$\eta_M = 90.4\%$，$\sigma = 0.20$。同样，对其他机型的混流式水轮机，亦可在其模型综合特性曲线上找出其最优工况和限制工况的参数，一并列入附录中的附表 1，表中还列入了其他一些有关的参数。

二、轴流定桨式水轮机

轴流定桨式水轮机的叶片是固定的，其叶片的装置角 φ 是不变的。这种水轮机在某一

叶片装置角 φ 的情况下，其模型试验与模型综合特性曲线的绘制与混流式水轮机完全一样。图 3 - 9 为 ZD760 型水轮机在叶片装置角分别为 $\varphi = 5^\circ$、10°、15° 时的模型综合特性曲线。从图中可以看出：当 φ 角增大时，水轮机的过水流量亦随之增大，由此可根据水轮机的引用流量来选择合宜的 φ 角；模型综合特性曲线比较狭窄，它的效率变化沿纵轴比较平缓，而沿横轴比较陡峻，因此轴流定桨式水轮机适合于在固定流量的情况下工作。

三、轴流转桨式水轮机的模型综合特性曲线

轴流转桨式水轮机是具有双重调节的水轮机之一，当机组负荷变化时，自动调速器在调节导叶开度 a_0 的同时亦通过协联机构调节着叶片的转角 φ，使水轮机在该工况点的效率最优。由此首先选取几个可能的 φ 角进行试验，并在一张 n'_1、Q'_1 的坐标场里绘制出各 φ 角的模型综合特性曲线（这和轴流定桨式水轮机的模型特性曲线一样），然后将各 φ 角下的等效率曲线分别用外包络线将其包切，这些外包络线便构成了转桨式水轮机模型的等效率曲线，如图 3 - 10 所示。该图为 ZZ440 型水轮机的模型综合特性曲线，图上除等效率线、等开度线和等汽蚀系数线外，还绘出了 $\varphi = -10^\circ$、-5°、0°、$+5^\circ$、$+10^\circ$、$+15^\circ$、$+20^\circ$ 的等转角线。

从图 3 - 10 上可以看出，转桨式水轮机有比较宽广的高效率区，因此它适宜于在水头和流量变化范围较大的情况下工作。

ZZ440 型水轮机模型在最优工况下的参数，亦可在图 3 - 10 上查得为 $\eta_{Mmax} = 89\%$，$n'_{10} = 115 \text{r/min}$，$Q'_{10} = 800 \text{L/s}$，$\sigma = 0.3$。对轴流转桨式水轮机亦存在有 5% 出力限制线，但在该线上不仅效率偏低而且汽蚀系数甚大，不宜作为限制条件，所以在图上没有绘出。目前主要是按选定的较小的汽蚀系数来确定限制工况。如 ZZ440 型水轮机选定的限制汽蚀系数为 0.72，可在图 3 - 10 上作 $n'_{10} = 115$ 的平线，它与 $\sigma = 0.72$ 的等值线相交点的工况，即为该模型水轮机的限制工况，并可查得限制工况的参数为 $Q'_{1max} = 1650 \text{L/s}$，$\eta_M = 82\%$，$\sigma = 0.72$。将以上参数连同其他轴流转桨式水轮机模型在最优工况和限制工况下的参数一并列入附表 2 中。

四、水斗式水轮机的模型综合特性曲线

对水斗式水轮机，同样可在针阀不同行程 S_m 下进行模型试验，由试验成果亦可绘制出模型综合特性曲线，如图 3 - 11 所示。

图 3 - 11 为一 CJ20 型水轮机的模型综合特性曲线，可以看出它具有扁长的贝壳状的等效率曲线，这是由于其单位转速 n'_1 变化范围很小的缘故。当其单位流量 Q'_1 在较大范围内变化时，其效率变化很小，所以水斗式水轮机适宜于在水头比较固定而负荷变化较大的情况下工作。

在图 3 - 12 上的一些等 S_m 的虚线，是喷嘴针阀的等行程线，它相当于反击式水轮机的等开度线。由于喷嘴的流量仅取决于喷针的位置，与水轮机的转速无关，故针阀的等行程线均为与横轴垂直的直线，行程的单位为 mm。

以上仅介绍了几类水轮机中一种机型的模型综合特性曲线，它具有通用性，同一轮系的水轮机它们的模型综合特性曲线是相同的，所以也称为轮系综合特性曲线。但每一种类型的水轮机中又有好多种轮系的水轮机，所以在制造厂的产品目录中和有关水轮机的手册中都给出了各种轮系的模型综合特性曲线，一个轮系一个，以供用户以此来进行水轮机的

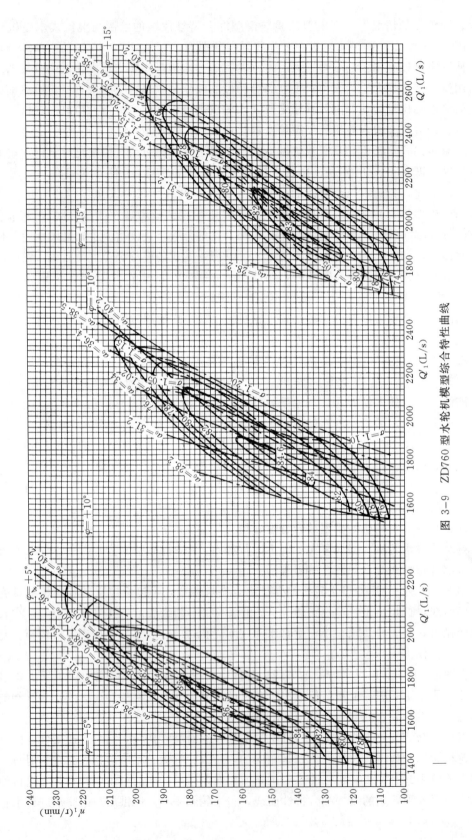

图 3-9 ZD760 型水轮机模型综合特性曲线

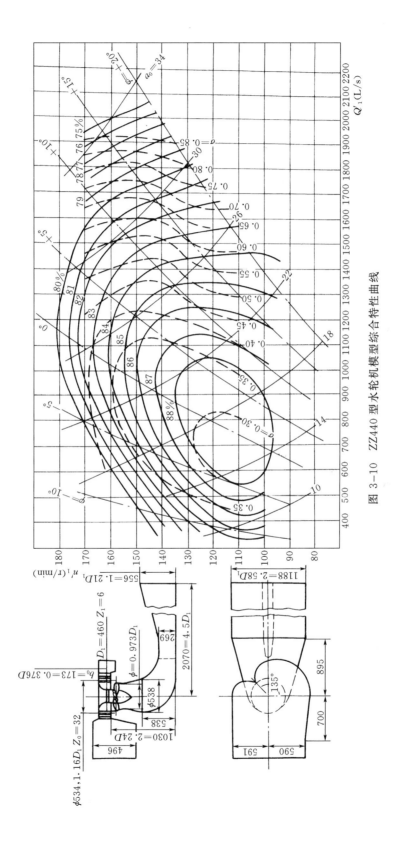

图 3-10 ZZ440 型水轮机模型综合特性曲线

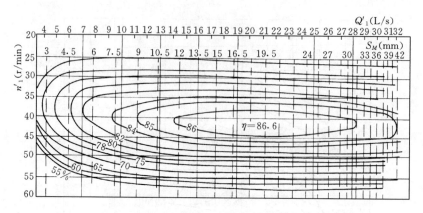

图 3-11 CJ20 型水轮机模型综合特性曲线

对比，选型和绘制原型水轮机的特性曲线。

在产品目录和手册中，每个模型综合特性曲线的旁边，还给出了该轮系模型水轮机试验时过流部件的简图和有关的结构参数。在水电站厂房设计中允许对水轮机的蜗壳和尾水管作必要的变更，原型水轮机和模型水轮机就不能达到完全的几何相似，因此对原型水轮机的效率尚需进行修正。对大中型水轮机，这种异形部件的效率修正值一般为 1%～3%。

第四章 水轮机选择

第一节 水轮机的标准系列

由于各开发河段的水力资源和开发利用的情况不同，水电站的工作水头和引用流量的范围也不同，为了能使水电站经济、安全和高效率的运行，就必须有很多种类型和型式的水轮机来适应各种水电站的要求。

而水轮机由于它自身能量特性、汽蚀特性和强度条件的限制，每种水轮机适用的水头和流量范围也是较狭窄的，因此要作出很多系列和品种（尺寸）的水轮机来，设计和制造的任务是很繁重的，而且也增加了生产费用和提高了制造成本。所以就很有必要使水轮机的生产系列化、标准化和通用化，这样一方面尽可能地减少水轮机的系列，控制每种系列的品种，以利于加速生产和降低成本；另一方面也能使水电站按自己的运行条件和要求选到合适的水轮机，以便充分地利用水力资源。

我国在60年代末已生产500kW以上的水轮发电机组达150余种，使用的转轮系列达30余种，但型号规格比较复杂，品种既重叠又不全。为了提高质量、简化品种，于1974年我国编制了反击式水轮机暂行系列型谱，对我国水轮机系列、品种作了统一规划，为更进一步实现水轮机产品的系列化、通用化和标准化打好了基础。现将型谱资料和其他有关资料介绍如下：

一、反击式水轮机的系列型谱

1. 大中型轴流式转轮型谱参数（表4-1）

表 4-1　　　　　　　　　　大中型轴流式转轮参数（暂行系列型谱）

适用水头范围 H （m）	转 轮 型 号		转轮叶片数 z_1	轮毂比 $\bar{d}_B$	导叶相对高度 $\bar{b}_0$	最优单位转速 n'_{10} （r/min）	推荐使用的单位最大流量 Q'_1 （L/s）	模型汽蚀系数 σ_M
	使用型号	曾用旧型号						
3～8	ZZ600	ZZ55，4K	4	0.33	0.488	142	2000	0.7
10～22	ZZ560	ZZA30，ZZ005	4	0.40	0.400	130	2000	0.59～0.77
15～26	ZZ460	ZZ105，5K	5	0.50	0.382	116	1750	0.60
20～36（40）	ZZ440	ZZ587	6	0.50	0.375	115	1650	0.38～0.65
30～55	ZZ360	ZZA79	8	0.55	0.350	107	1300	0.23～0.40

当水头在9m以下时，若采用轴流定桨式水轮机，推荐采用ZD760（金华一号）转轮，其参数见表4-2。

2. 大中型混流式转轮型谱参数（表4-3）

在上述型谱表中，水轮机的使用型号规定一律采用统一的比转速代号。对每种型号的水轮机，型谱表中都规定了一定的适用水头范围，水头的上限是根据该型水轮机的强度和汽蚀条件限制的，原则上不允许超过，水头的下限主要考虑到使水轮机的运行效率不致过低。

另外在表 4-4 中还给出了一些型谱以外的大中型混流式水轮机转轮参数，可供选用时参考。

各种型号水轮机的模型综合特性曲线，可参考制造厂的产品目录和有关的手册。

二、水斗式水轮机转轮参数

我国冲击式水轮机的系列型谱尚未形成，目前常用的水斗式水轮机有两种系列，其转轮参数见表 4-5。

表 4-2　　ZD760 转轮参数表

转轮叶片数 z_1	4		
导叶相对高度 $\overline{b}_0$	0.45		
叶片装置角 φ（°）	+5	+10	+15
最优单位转速 n'_{10}（r/min）	165	148	140
最优单位流量 Q'_{10}（L/s）	1670	1795	1965
模型汽蚀系数 σ_M	0.99	0.99	1.15

表 4-3　　　　　　　　大中型混流式转轮参数（暂行系列型谱）

适用水头范围 H（m）	转轮型号 使用型号	转轮型号 曾用旧型号	导叶相对高度 $\overline{b}_0$	最优单位转速 n'_{10}（r/min）	推荐使用单位最大流量 Q'_1（L/s）	模型汽蚀系数 σ_M
<30	HL310	HL305，Q	0.391	88.3	1400	0.360*
25~45	HL240	HL123	0.365	72.0	1320	0.200
35~65	HL230	HL263，H_2	0.315	71.0	1110	0.170*
50~85	HL220	HL702	0.250	70.0	1150	0.133
90~125	HL200	HL741	0.200	68.0	960	0.100
	HL180	HL662（改型）	0.200	67.0	860	0.085
110~150	HL160	HL638	0.224	67.0	670	0.065
140~200	HL110	HL129，E_2	0.118	61.5	380	0.055*
180~250	HL120	HLA41	0.120	62.0	380	0.060
230~320	HL100	HLA45	0.100	61.5	280	0.045

*　为装置汽蚀系数 σ_M。

表 4-4　　　　　　　可供选用的大中型混流式转轮参数

适用水头范围 H（m）	转轮型号 使用型号	转轮型号 曾用旧型号	导叶相对高度 $\overline{b}_0$	最优单位转速 n'_{10}（r/min）	推荐使用的最大单位流量 Q'_1（L/s）	模型汽蚀系数 σ_M
45~65	HL002	A—36	0.250	70.0	882	
~70	HLA112		0.315	77.0	1250	0.140
80~120	HL001	A—12	0.200	68.5	890	0.086
~150	HLD06a		0.224	70.0	840	0.055
250~320	HL006	A—34	0.100	61.5	242	0.035
250~400	HL133	HL683	0.100	61.0	228	0.035
240~450	HL128	F—8	0.075	60.0	188	0.045

表 4-5　　　　　　　　　水斗式水轮机转轮参数

适用水头范围 H（m）	转轮型号 使用型号	转轮型号 旧型号	水斗数 z_1	最优单位转速 n'_{10}（r/min）	推荐使用的单位最大流量 Q'_1（L/s）	转轮直径与射流直径比 $\dfrac{D_1}{d_0}$	备　注
100~260	CJ22	Y_1	20	40	45	8.66	对 CJ22 适当加厚根部可用至 400m 水头
400~600	CJ20	P_2	20~22	39	30	11.30	

68

三、水轮机转轮尺寸系列

反击式水轮机转轮标称直径 D_1 的尺寸系列规定见表 4-6。

表 4-6 反击式水轮机转轮标称直径系列 单位：cm

25	30	35	(40)	42	50	60	71	(80)	84
100	120	140	160	180	200	225	250	275	300
330	380	410	450	500	550	600	650	700	750
800	850	900	950	1000					

注 括弧中的数字仅适用于轴流式水轮机。

四、水轮发电机标准同步转速

水轮发电机标准同步转速与其磁极对数有关，见表 4-7。

表 4-7 磁极对数与同步转速系列

磁极对数 P	3	4	5	6	7	8	9	10	12
同步转速 n (r/min)	1000	750	600	500	428.6	375	333.3	300	250
磁极对数 P	14	16	18	20	22	24	26	28	30
同步转速 n (r/min)	214.3	187.5	166.7	150	136.4	125	115.4	107.1	100
磁极对数 P	32	34	36	38	40	42	44	48	50
同步转速 n (r/min)	93.8	88.2	83.3	79	75	71.4	68.2	62.5	60

五、水轮机系列应用范围图

对每一系列的水轮机，当水轮机的直径 D_1 和转速 n 不同时，它适应的工作范围也不同，如图 4-1 所示。该图为 HL220 型水轮机的应用范围图，图的横坐标为水头 H，纵坐标为单机容量 N，中间绘出了许多平行四边形的斜方格，每一方格中注明有水轮机的转速，在右边的斜方格中另外注明有水轮机的直径。平行四边形的上、下边为出力界线，左、右两边线为适用水头范围。这是根据该型水轮机在各种标准转速和标称直径时的最佳工作范围绘制出来的。

在应用时可根据所给定的水轮机设计水头 H_r 和水轮机的单机额定容量 N_r，首先找出可能适合于这种情况的水轮机系列及该系列的应用范围图，并在图上查得所需要的转速 n 及直径 D_1，当 H_r 和 N_r 的坐标点正好落在横向斜线上时，这说明上、下两种转速和直径均可适用，为了使水轮机的容量有所富裕，一般可选用较大的直径。

为了确定水轮机的吸出高 H_s，在每种系列应用范围图的旁边还给出了 $h_s=f(H)$ 的关系曲线。应用时可根据水轮机的设计水头 H_r 即可查得 h_s 值。h_s 代表水轮机装置处的海拔高程为零时水轮机允许的最大吸出高，而实际上水轮机安装处的海拔高程▽都大于零，因此对求得的 h_s 还需要进行大气压力的修正。所以水轮机的吸出高 H_s 应为：

$$H_S = h_s - \frac{\bigtriangledown}{900} \qquad (4-1)$$

对轴流转桨式水轮机，在水头和出力变化时，汽蚀系数 σ 值变化较大，因此在其应用

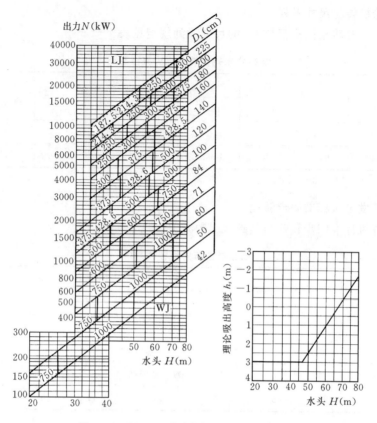

图 4-1　HL220 系列水轮机的应用范围图

范围图中给出了两条 $h_s = f(H)$ 的曲线，如图 4-2 所示。应用时可按给定的 H_r 和 N_r 的坐标点在斜方格中垂直方向的比例位置，在两条 $h_s = f(H)$ 线之间找到相同比例位置的点，由此便可确定出 h_s 值，并按式（4-1）亦可确定出吸出高 H_S。

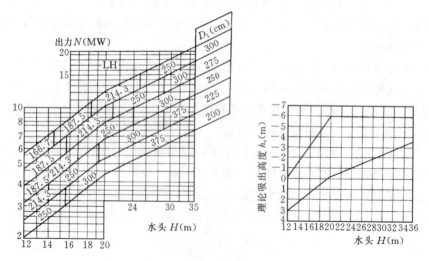

图 4-2　ZZ440 系列水轮机的应用范围图

70

在制造厂的产品目录中和水轮机有关手册中，也都给出了各种系列的水轮机应用范围图，这对选择水轮机的主要参数 D_1、n、H_S 非常简便。但得出的结果尚不够精确，同时也反映不出水轮机的运行情况，因此多适用于规划阶段或小型水轮机的选择中。

第二节 水 轮 机 的 选 择

水轮机是水电站中最主要的动力设备之一，它关系到水电站的工程投资、安全运行、动能指标及经济效益等重大问题，因此在水能规划的基础上，根据水电站水头和负荷的工作范围，正确地进行水轮机选择是水电站设计中的主要任务之一。

水轮机的选择，在确定水轮机的型号和有关参数时，应结合枢纽布置、工期安排以及水轮机的制造、运输、安装和运行维护等方面的因素，列出可能的水轮机待选方案，进行各方案之间的动能经济比较和综合分析，力求选出技术上先进可靠，经济上合理的水轮机。

水轮机选择的主要内容有：

1）选择水轮发电机组的台数和单机容量。

2）选择水轮机的型号及装置方式。

3）确定水轮机转轮的直径及转速。

4）确定水轮机的吸出高度及安装高程。

5）绘制水轮机的运转特性曲线。

6）确定蜗壳及尾水管的型式及主要尺寸。

7）选择调速器及油压装置（在第五章中论述）。

8）选择水轮发电机的型号并估算其各部尺寸和有关数据（不作为本书内容）。

在进行上述工作之前应首先收集和整理下列基本资料：

1. 水轮机产品技术资料

水轮机产品技术资料包括水轮机的型谱系列、水轮机制造厂的生产情况及产品目录、水轮机的模型综合特性曲线及其他有关资料。

2. 水电站的技术资料

（1）河流梯级开发方案，水库水位及其调节性能，水电站布置方案、地形、地质及河流水质泥沙等资料。

（2）水电站的装机容量及其在电力系统中的运行情况。

（3）水电站的特征流量及特征水头：特征流量包括有最大流量 Q_{max}、最小流量 Q_{min} 及平均流量 Q_{av}；特征水头包括有最大水头 H_{max}、最小水头 H_{min}、加权平均水头 H_a 及设计水头 H_r 等。

加权平均水头是水电站在运行期间出现次数最多、经历时间最长的水头，通常是指电能或时间加权的平均水头，可由水能计算的资料依下式确定：

$$H_a = \frac{\sum H_i t_i N_i}{\sum t_i N_i} \tag{4-2}$$

或

$$H_a = \frac{\sum H_i t_i}{\sum t_i} \tag{4-3}$$

式中 t_i、N_i——水头 H_i 出现时相应的持续时间和出力。

水轮机的设计水头也称为水轮机的计算水头，它是水轮机在发出额定出力时所需的最小水头，它与水轮机的受阻容量有关，应经过分析比较确定。在方案比较阶段，设计水头 H_r 可按下式进行估算：

对河床式水电站 $\qquad H_r = 0.9H_a$

对坝后式水电站 $\qquad H_r = 0.95H_a$

对引水式水电站 $\qquad H_r = H_a$

（4）下游水位流量关系曲线：在水能计算时已经确定，但尚应考虑：若冬季下游结冰时，尚应有结冰时的下游水位流量关系曲线；若下游冲淤严重时，则应有冲刷或淤积后可能引起的下游水位流量关系曲线变化的资料等。

（5）水电站有关经济资料，包括机电设备价格、各项工程单价及年运行费用等。

（6）水电站设备运输及安装技术条件等。

3. 国内外水轮机制造和运行资料

国内外正在设计、施工和已在运行的同类型水轮机及水电站的有关资料。

以下就水轮机选择时的程序和应考虑的方面以及必须的分析计算，分述如下。

一、机组台数及单机容量的选择

水电站的装机容量等于机组台数和单机容量的乘积，根据已确定的装机容量，就可以拟定可能的机组台数方案。当机组台数不同时，单机容量不同，水轮机的直径、转速、效率和吸出高等也就不同，从而引起工程投资、运行效益及产品供应等情况的变化。

目前尚不可能从理论上求得合理的单机容量，因此在选择机组台数时多从下列几方面进行技术经济等方面的综合论证：

1. 机组台数与机电设备制造的关系

机组台数增多时，机组单机容量减小，尺寸减小，因而制造及运输都比较容易，这对于制造能力和运输条件较差的地区是有利的。但实际上选用小机组时，单位千瓦消耗的材料多，制造工作量大，故一般都希望选用较大容量的机组。

2. 机组台数与水电站投资的关系

当选用机组台数较多时，不仅机组本身单位千瓦的造价高，而且随着机组台数的增加，相应的阀门、管道、调速设备、辅助设备和电气设备的套数就要增加，电气结线也较复杂，厂房平面尺寸也需增大，机组安装维护的工作量也要增加，因此从这些方面来看水电站单位千瓦的投资将随台数的增加而增加。但另一方面采用小机组时，厂房的起重能力、安装场地、机坑开挖量都可缩减，因而又可减少一些水电站的投资。在大多数情况下，机组台数增多将增大投资。

3. 机组台数与水电站运行效率的关系

当机组数目不同时，水电站水轮机的平均效率也不同。图 4-3 为一装机容

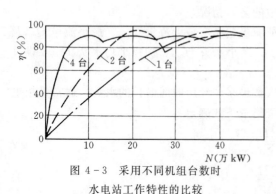

图 4-3 采用不同机组台数时
水电站工作特性的比较

量为 40 万 kW 的水电站，当选用不同的机组台数时水轮机 $\eta = f（N）$ 的工作特性曲线，从图上可以看出：当选用 1 台 40 万 kW 的机组时，只有在满负荷情况下工作时水轮机的效率最高，其他负荷情况下效率均偏低；当选用 2 台 20 万 kW 的机组时，水电站的平均效率有所提高，但还有较大的低效率区；当选用 4 台 10 万 kW 的机组时，运行效率比较平稳，使水电站在 $\frac{1}{4}$、$\frac{1}{2}$、$\frac{3}{4}$ 及满负荷情况下工作时都能达到最高效率。由此看来，较多的机组台数能使水电站保持有较高的平均效率，但当台数增加到一定程度再增多时，对水电站的平均运行效率就不会有显著的影响了。

当水电站在电力系统中担任基荷工作时，引用流量比较固定，选择机组台数少，可使水轮机在较长时间内以最优工况运行，使水电站保持有较高的平均效率。如水电站担任系统尖峰负荷时，由于负荷经常变化，而且幅度较大，为使每台机组都能以高效率工作，因此就需要较多的机组台数。

此外，由于水轮机的类型不同，机组台数对水电站平均效率的影响也不同。如轴流转桨式水轮机，由于其高效率区比较宽广，单机效率变化比较平稳，故机组台数的增减对水电站的平均效率影响不大。但对轴流定桨式水轮机，当出力变化时效率变化就比较剧烈，因此增加机组台数，对于提高水电站的平均效率就比较显著。

4. 机组台数与水电站运行维护工作的关系

机组台数多，单机容量小，水电站运行方式就比较灵活，机组发生事故后所产生的影响小，检修也较容易安排。但因运行操作次数随之增加，发生事故的概率增高了，同时管理人员增多，运行费用也提高了，因此不宜选用过多的机组台数。

上述各种因素均互相联系而又互相影响，不可能都一一满足，所以选择时应根据具体情况拟定可能的机组台数方案进一步进行分析比较。在技术经济条件相近时，应尽量采用机组台数较少的方案，但为了水电站运行的可靠性和灵活性，一般应不少于两台。同时为了制造、安装、运行维护及备件供应的方便，在一个水电站内应尽可能地选用同型号的机组。又大中型水电站的机组常采用扩大单元的结线方式、为了电气主结线图的对称，大多数情况下都希望选用偶数机组台数。

随着水轮机研究工作和制造水平的不断提高，水轮机的单机容量也在不断增加，为各个水电站采用大机组创造了条件。我国已建成的中型水电站一般选用 4～6 台机组，大型水电站一般选用 6～8 台机组。这样，在考虑到各种因素之后，只要电力系统容量在近期不致太小，而制造运输条件不受限制时，尽可能将单机容量选得大一些。

对于巨型水电站，由于单机容量的限制可选用较多的机组台数，例如目前运行中的委内瑞拉古里水电站，装机容量 527 万 kW，装机 30 台，是近代世界上装机台数最多的水电站；我国葛洲坝水电站装机容量 271.5 万 kW，有 21 台机组，是国内机组台数最多的水电站。

二、水轮机型号的选择

水轮机的型号选择是在已知机组容量和各种特征水头的情况下进行的，一般常用下列两种方法选择：

1. 根据水轮机的系列型谱选择

在上节所给出的系列型谱表中，每种型号的水轮机都有其适用的水头范围。由此根据水电站的水头情况，可直接从型谱表中选出适合于该水电站的水轮机型号。有时可能选出两种型号都能适用，可将两种机型均列入比较方案进行分析计算和比较。当型谱表中所列的水头范围和转轮某些参数不适用或完全不适用于该水电站时，应与制造厂协商研制新的转轮。

2. 采用套用机组

根据国内设计、施工和已运行的水电站资料，在设计水头接近，机组容量适当，经济技术指标相近的情况下，可优先选用已经生产过的机组套用，这样可以节省设计工作量，并可尽早供货，使水电站提前投入运行，早日获取经济效益。

我国已经投产使用的大中型水轮机的主要参数列于附表3，可供选型时参考。

三、反击式水轮机主要参数的选择

在机组台数和水轮机型号的方案确定之后，则需要进一步计算和确定各方案水轮机的主要参数：转轮直径 D_1、转速 n 及吸出高 H_s。所选择出的直径和转速应能满足在设计水头下发出水轮机的额定出力，并在加权平均水头运行时效率最高；所选出的吸出高应能满足防止水轮机汽蚀的要求和水电站开挖深度的合理性。在选择的方法上，按照水轮机系列应用范围图选择的方法在上节已有介绍，它有一定的局限性；西方国家也有用比转速进行选择的，但它得不到各运行工况的参数。所以本节着重讲述应用模型综合特性曲线来进行水轮机主要参数的选择，其选择的方法步骤如下。

1. 选择转轮直径 D_1

水轮机的额定出力的表达式为

$$N_r = 9.81 Q'_1 D_1^2 H_r \sqrt{H_r} \eta \quad (\text{kW})$$

所以

$$D_1 = \sqrt{\frac{N_r}{9.81 Q'_1 H_r^{3/2} \eta}} \quad (\text{m}) \tag{4-4}$$

计算时，对上式右端的各参数可按以下情况选用：

1) 水轮机的额定出力 N_r，可由发电机的额定出力（即机组容量）求得。设发电机的额定出力为 N_f（kW），则

$$N_r = \frac{N_f}{\eta_f}$$

式中 η_f——发电机效率，对大中型水轮发电机可取 $\eta_f = 0.95 \sim 0.98$。

2) 水轮机的单位流量 Q'_1：在水轮机以额定出力工作时应选用在限制工况下的 Q'_1 值进行计算，它可由附表1、2查得，同时亦可查得该工况下的 η_M。对混流式水轮机该 Q'_1 值是由5%出力限制条件得到的；对轴流式水轮机是由汽蚀限制条件得到的。即使这样轴流式水轮机往往还由于限制工况下汽蚀系数过高（如 ZZ440 型水轮机，在限制工况下的汽蚀系数达0.72），造成了过大的挖方，所以有些水电站采用限制水轮机吸出高的办法来达到减小挖方的目的，则此时相应的汽蚀系数和单位流量将均有所减小。

当水轮机限制的吸出高为 $[H_s]$ 时，相应的汽蚀系数称为水轮机的装置汽蚀系数，用 σ_Z 表示，其值可由下式确定：

$$\sigma_Z = \frac{10 - \dfrac{\nabla}{900} - [H_s]}{H} \qquad (4-5)$$

此时相应的 Q'_1 值可在该型水轮机的模型特性曲线上选取：在模型特性曲线图上作 n'_{10} 为常数的平线，它与上式所求得的 σ_Z 等值线的右端相交，该交点的 Q'_1 值即为新限制条件下的单位流量，同时还可求得该限制点的 η_M。

3）水头应选用水轮机的设计水头 H_r 进行计算。

4）η 为原型水轮机在限制工况下的效率，由于转轮直径尚未求得，效率修正值也不能计算，所以得不出确切的 η 值。计算时可根据经验初步假定（一般为限制工况下的 η_M 增加 $2\% \sim 3\%$），待求得 D_1 后再作校核。

将以上各值代入式（4-4）便可计算出转轮直径 D_1，该 D_1 尚须按规定的系列尺寸（表4-6）选用相近而偏大的标准直径，以便使水轮机有一定的富裕容量。

2．效率修正值的计算

由以上所求得的转轮直径 D_1 和模型水轮机在最优工况下的效率 η_{Mmax}（查附表1、附表2），按式（3-23）或式（3-24）便可求得原型水轮机的最高效率 η_{max}，由此便可求得效率修正值 $\Delta\eta$ 为

$$\Delta\eta = \eta_{max} - \eta_{Mmax} - \varepsilon_1 - \varepsilon_2$$

式中　ε_1——考虑到原型与模型水轮机工艺水平影响的效率修正值，可取 $\varepsilon_1 = 1\% \sim 2\%$；

ε_2——考虑到原型与模型水轮机异形部件影响的效率修正值，可取 $\varepsilon_2 = 1\% \sim 3\%$。

由此可得出水轮机在限制工况下的效率为

$$\eta = \eta_M + \Delta\eta$$

式中　η_M——模型水轮机在限制工况的效率。

由上式所计算得的效率应和式（4-4）中所假定的效率基本相符，否则将上式求得的效率值代入式（4-4）重新计算。

对轴流转桨式水轮机，效率修正值应按不同的叶片转角分别予以计算和确定。

3．选择转速 n

为了使水轮机在加权平均水头下有较高的效率，在式（3-10）中的单位转速应采用最优单位转速 n'_{10}，水头应采用加权平均水头 H_a，由此便可依式（4-10）求得水轮机的转速为

$$n = \frac{n'_{10}\sqrt{H_a}}{D_1} \quad (\mathrm{r/min}) \qquad (4-6)$$

$$n'_{10} = n'_{10M} + \Delta n'_1$$

式中　n'_{10}——原型水轮机相应的最优单位转速。

模型水轮机的最优单位转速 n'_{10M}，可由附表1、附表2查得。

同样，计算得的转速亦须按规定选用相近而偏大的发电机标准同步转速（参见表4-7），以便使发电机具有较小的尺寸和重量。由此选定的水轮机转速也即为机组的额定转速。

4．工作范围的验算

在水轮机的直径 D_1 和转速 n 选定之后，还需要在模型综合特性曲线图上绘出水轮机

的相似工作范围并检验该工作范围是否包括了高效率区，以论证所选定的直径 D_1 和转速 n 的合宜性。

按水轮机的设计水头 H_r 和选定的直径 D_1 可计算出水轮机以额定出力工作时的最大单位流量 Q'_{1max}；按最大水头 H_{max}、最小水头 H_{min} 以及选定的 D_1、n 分别计算出最小和最大单位转速 n'_{1min} 和 n'_{1max}。然后在水轮机的模型综合特性曲线图上分别作出以 Q'_{1max}、n'_{1min}、n'_{1max} 为常数的直线，这些直线所包括的范围即给出了水轮机的相似工作范围。若此范围在 5％出力限制线以左并包括了模型综合特性曲线的高效率区时，则认为所选定的 D_1 和 n 是满意的，否则可适当调整 D_1 或 n 的数值，使工作范围移向高效率区。

应该指出，以上在模型综合特性曲线图上所得出的水轮机工作范围，尚不足以反映原型水轮机的真实情况。精确地分析水轮机的运行情况应根据水轮机的运转特性曲线来进行，这将在下一节中专门论述，因此上述对直径 D_1 和转速 n 的评定也仅是初步的。

5. 吸出高 H_s 的计算

由于所选定的水轮机直径 D_1 和转速 n 与原计算值有出入，所以将由设计水头 H_r 和选定的 D_1、n 计算出的单位转速称为设计单位转速，用 n'_{1r} 表示，由 n'_{1r}、Q'_{1max} 所构成的工况也称为设计工况。在初步方案比较阶段，吸出高 H_s 可按设计工况点的 σ 值计算，待水轮机方案选定之后再进一步根据水轮机的运行条件、水电站的开挖情况进行吸出高方案的技术经济比较，以选定合理的吸出高 H_s。

下面通过一个水电站的实例来具体说明水轮机型号的选择和主要参数的计算。

【例 4-1】 已知某水电站的最大水头 $H_{max}=35.87$m，加权平均水头 $H_a=30.0$m，设计水头 $H_r=28.5$m，最小水头 $H_{min}=24.72$m；水轮机的额定出力 $N_r=17750$kW；水轮机安装处的海拔高程 $\bigtriangledown=24.0$m，最大允许吸出高 $H_s\geqslant-4$m。试选择水轮机型号及其主要参数。

解

（一）水轮机型号的选择

根据水电站的工作水头范围，在反击式水轮机系列型谱表中查得 HL240 型水轮机和 ZZ440 型水轮机都可使用，这就需要将两种水轮机都列入比较方案，对其参数分别予以计算和选定。

（二）水轮机主要参数的计算

HL240 型水轮机方案主要参数的计算

1. 转轮直径的计算

$$D_1 = \sqrt{\frac{N_r}{9.81 Q'_1 H_r^{3/2} \eta}}$$

式中 $N_r=17750$kW；

$H_r=28.5$m；

$Q'_1=1240$L/s$=1.24$m³/s（由附表 1 查得）。

同时在附表 1 中查得水轮机模型在限制工况下的效率 $\eta_M=90.4％$，由此可初步假定水轮机在该工况的效率为 92.0％。

将以上各值代入上式得

$$D_1 = \sqrt{\frac{17750}{9.81 \times 1.24 \times 28.5^{3/2} \times 0.92}} = 3.23 \text{ m}$$

选用与之接近而偏大的标准直径 $D_1 = 3.3$m。

2. 效率修正值的计算

由附表 1 查得水轮机模型在最优工况下的 $\eta_{Mmax} = 92.0\%$，模型转轮直径 $D_{1M} = 0.46$m，则原型水轮机的最高效率 η_{max} 可依式（3 - 23）计算，即

$$\eta_{max} = 1 - (1 - \eta_{Mmax}) \sqrt[5]{\frac{D_{1M}}{D_1}}$$

$$= 1 - (1 - 0.92) \times \sqrt[5]{\frac{0.46}{3.30}} = 0.946 = 94.6\%$$

考虑到制造工艺水平的情况取 $\varepsilon_1 = 1\%$；由于水轮机所应用的蜗壳和尾水管的型式与模型基本相似，故认为 $\varepsilon_2 = 0$，则效率修正值 $\Delta\eta$ 为

$$\Delta\eta = \eta_{max} - \eta_{Mmax} - \varepsilon_1 = 0.946 - 0.92 - 0.01 = 0.016$$

由此求得水轮机在限制工况的效率为

$$\eta = \eta_M + \Delta\eta = 0.904 + 0.016 = 0.92（与原来假定的数值相同）$$

3. 转速的计算

$$n = \frac{n'_{10} \sqrt{H_a}}{D_1}$$

式中　　$n'_{10} = n'_{10M} + \Delta n'_1$

由附表 1 查得在最优工况下的 $n'_{10M} = 72$r/min，同时由于

$$\frac{\Delta n'_1}{n'_{10M}} = \sqrt{\frac{\eta_{max}}{\eta_{Mmax}}} - 1 = \sqrt{\frac{0.946}{0.92}} - 1 = 0.014 < 0.03$$

所以 $\Delta n'_1$ 可忽略不计，则以 $n'_{10} = 72$ 代入上式得

$$n = \frac{72\sqrt{30}}{3.3} = 119.5 \text{ r/min}$$

选用与之接近而偏大的标准同步转速 $n = 125$r/min。

4. 工作范围的验算

在选定的 $D_1 = 3.3$m、$n = 125$r/min 的情况下，水轮机的 Q'_{1max} 和各种特征水头下相应的 n'_1 值分别为

$$Q'_{1max} = \frac{N_r}{9.81 D_1^2 H_r^{3/2} \eta} = \frac{17750}{9.81 \times 3.3^2 \times 28.5^{3/2} \times 0.92} = 1.19 < 1.24 \text{ m}^3/\text{s}$$

则水轮机的最大引用流量 Q_{max} 为

$$Q_{max} = Q'_{1max} D_1^2 \sqrt{H_r} = 1.19 \times 3.3^2 \times \sqrt{28.5} = 69.18 \text{ m}^3/\text{s}$$

对 n'_1 值：在设计水头 $H_r = 28.5$m 时

$$n'_{1r} = \frac{nD_1}{\sqrt{H_r}} = \frac{125 \times 3.3}{\sqrt{28.5}} = 77.3 \text{ r/min}$$

在最大水头 $H_{max} = 35.87$m 时

$$n'_{1min} = \frac{nD_1}{\sqrt{H_{max}}} = \frac{125 \times 3.3}{\sqrt{35.87}} = 68.9 \text{ r/min}$$

在最小水头 $H_{\min} = 24.72$m 时

$$n'_{1\max} = \frac{nD_1}{\sqrt{H_{\min}}} = \frac{125 \times 3.3}{\sqrt{24.72}} = 82.97 \text{ r/min}$$

在 HL240 型水轮机的模型综合特性曲线图 3-7 上，分别画出 $Q'_{1\max} = 1190$L/s，$n'_{1\min} = 68.9$r/min 和 $n'_{1\max} = 82.97$r/min 的直线，如图 4-4 所示。可以看出这些直线所标出的水轮机相似工作范围（阴影部分）基本上包括了特性曲线的高效率区，所以对所选定的直径 $D_1 = 3.3$m，$n = 125$r/min 还是比较满意的，但这还须和其他方案作比较。

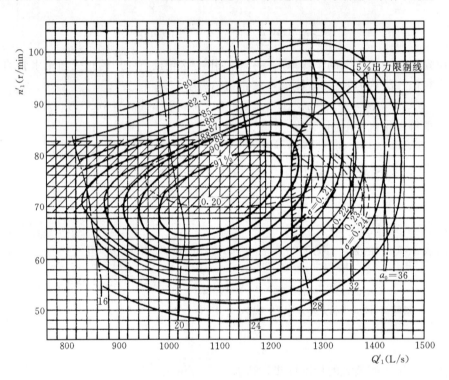

图 4-4　HL240 型水轮机工作范围的初步检验

5. 水轮机吸出高 H_s 的计算

由水轮机的设计工况（$n'_{1r} = 77.3$，$Q'_{1\max} = 1190$）在图 3-7 上可查得相应的汽蚀系数 $\sigma = 0.195$；由设计水头 $H_r = 28.5$m，在图 2-16 上查得 $\Delta\sigma = 0.04$，则可求得水轮机的吸出高为

$$H_S = 10.0 - \frac{\nabla}{900} - (\sigma + \Delta\sigma)H = 10.0 - \frac{24}{900} - (0.195 + 0.04) \times 28.5$$

$$= 3.27 \text{ m} > -4 \text{ m}$$

ZZ440 型水轮机方案主要参数的计算

1. 转轮直径 D_1 的计算

$$D_1 = \sqrt{\frac{N_r}{9.81Q'_1 H_r^{3/2} \eta}}$$

式中 N_r、H_r 值同前。对于 Q_1' 值，可由附表 2 查得该型水轮机在限制工况下的 $Q_1'=1650\text{L/s}$，同时还查得汽蚀系数 $\sigma=0.72$。但在允许的吸出高 $[H_s]=-4\text{m}$ 时，则相应的装置汽蚀系数 σ_z 为

$$\sigma_z=\frac{10.0-\dfrac{\bigtriangledown}{900}-[H_s]}{H}=\frac{10.0-\dfrac{24}{900}+4}{28.5}=0.45<0.72$$

所以，为了满足对吸出高的限制，Q_1' 值可在 ZZ400 型水轮机模型综合特性曲线图（图 3-10）上依工况点（$n'_{10}=115$、$\sigma=0.45$）查得为 1205L/s。同时亦可查该工况点上 $\eta_M=86.2\%$，由此可初步假定水轮机的效率为 89.5%。

将以上各值代入上式，便可求得

$$D_1=\sqrt{\frac{17750}{9.81\times1.205\times28.5^{3/2}\times0.895}}=3.32\text{ m}$$

基本符合标准直径，故选用 $D_1=3.3\text{m}$。

2. 效率修正值的计算

对轴流转桨式水轮机，叶片在不同转角 φ 时的最大效率 $\eta_{\varphi\max}$ 可用式（3-24）计算，即

$$\eta_{\varphi\max}=1-(1-\eta_{\varphi M\max})\left(0.3+0.7\sqrt[5]{\frac{D_{1M}}{D_1}}\sqrt[10]{\frac{H_M}{H}}\right)$$

已知 $D_{1M}=0.46\text{m}$，$H_M=3.5\text{m}$、$D_1=3.3\text{m}$，$H_r=28.5\text{m}$，代入上式，则得

$$\eta_{\varphi\max}=1-(1-\eta_{\varphi M\max})\left(0.3+0.7\sqrt[5]{\frac{0.46}{3.3}}\sqrt[10]{\frac{3.5}{28.5}}\right)=1-0.683(1-\eta_{\varphi M\max})$$

叶片在不同转角 φ 时的 $\eta_{\varphi M\max}$ 值可自图 3-10 查得，由此便可应用上式求得相应于该 φ 角时的水轮机最高效率 $\eta_{\varphi\max}$，并将计算结果列于表 4-8 中。

表 4-8　　　　　　　　　　ZZ440 型水轮机效率修正值计算表

叶片转角 φ（°）	-10	-5	0	$+5$	$+10$	$+15$
$\eta_{\varphi M\max}$（%）	84.9	88.0	88.8	88.3	87.2	86.0
$\eta_{\varphi\max}$（%）	89.7	91.8	92.4	92.0	91.3	90.4
$\eta_{\varphi\max}-\eta_{\varphi M\max}$（%）	4.8	3.8	3.6	3.7	4.1	4.4
$\Delta\eta_\phi$（%）	3.8	2.8	2.6	2.7	3.1	3.4

当选取制造工艺影响的效率修正值 $\varepsilon_1=1\%$ 和不考虑异形部件的影响时，便可计算得不同 φ 角时效率修正值为

$$\Delta\eta_\varphi=\eta_{\varphi\max}-\eta_{\varphi M\max}-1\%$$

将 $\Delta\eta_\varphi$ 的计算结果亦同时列入表 4-8 中。

由附表 2 查得在最优工况下模型的最高效率 $\eta_{M\max}=89\%$，由于最优工况很接近于 $\varphi=0°$ 的等转角线，故采用效率修正值 $\Delta\eta_\varphi=2.6\%$，这样便可得出原型水轮机的最高效率 $\eta_{\max}$ 为

$$\eta_{\max}=0.89+0.026=0.916=91.6\%$$

已知在限制工况（$n'_{10}=115$、$Q'_1=1205$）模型的效率为：$\eta_M=86.2\%$，而该点处于 $\varphi=+10°$ 与 $\varphi=+15°$ 两等角线之间，用内插法可求得该点的效率修正值为 $\Delta\eta_\varphi=3.22\%$，由此可求得水轮机在限制工况下的效率为

$$\eta=0.862+0.0322=0.8942=89.42\%$$

与原来假定的效率 89.5% 很接近，不再校正。

3. 转速的计算

由于

$$\frac{\Delta n'_1}{n'_{10M}}=\sqrt{\frac{\eta_{max}}{\eta_{Mmax}}}-1=\sqrt{\frac{0.916}{0.89}}-1=0.0145<0.03$$

所以不考虑 n'_{10} 的修正，由此求得水轮机的转速为

$$n=\frac{n'_{10}\sqrt{H_a}}{D_1}=\frac{115\sqrt{30.0}}{3.3}=190.87 \text{ r/min}$$

选用与之接近而偏大的标准同步转速 $n=214.3\text{r/min}$。

4. 工作范围的验算

在选定的 $D_1=3.3\text{m}$、$n=214.3\text{r/min}$ 的情况下，水轮机的 Q'_{1max} 和各种特征水头下相应的 n'_1 值分别为

$$Q'_{1max}=\frac{17750}{9.81\times3.3^2\times28.5^{3/2}\times0.894}=1.22 \text{ m}^3/\text{s}$$

则水轮机的最大应用流量为

$$Q_{max}=Q'_{1max}D_1^2\sqrt{H_r}=1.22\times3.3^2\times\sqrt{28.5}=71.0 \text{ m}^3/\text{s}$$

对 n'_1 值：在 $H_r=28.5\text{m}$ 时

$$n'_{1r}=\frac{214.3\times3.3}{\sqrt{28.5}}=132.47 \text{ r/min}$$

在 $H_{max}=35.87\text{m}$ 时

$$n'_{1min}=\frac{214.3\times3.3}{\sqrt{35.87}}=118.08 \text{ r/min}$$

在 $H_{min}=24.72\text{m}$ 时

$$n'_{1max}=\frac{214.3\times3.3}{\sqrt{24.72}}=142.24 \text{ r/min}$$

在图 3-10 上分别画出 $Q'_{1max}=1220\text{L/s}$、$n'_{1min}=118.08\text{r/min}$、$n'_{1max}=142.24\text{r/min}$ 的直线，如图 4-5 所示。可以看出这些直线所标出的水轮机相似工作范围（阴影部分）仅包括了部分高效率区。

5. 水轮机吸出高 H_S 的计算

在设计工况（$n'_{1r}=132.47$、$Q'_{1max}=1220$）时，由图 3-10 可查得汽蚀系数 $\sigma=0.42$，由此可求得水轮机的吸出高 H_S 为

$$H_S=10.0-\frac{24}{900}-(0.42+0.04)\times28.5=-3.14 \text{ m}>-4.0 \text{ m（满足要求）}$$

（三）水轮机方案的分析比较

为了便于分析比较，现将两种方案的有关参数列于表 4-9 中。

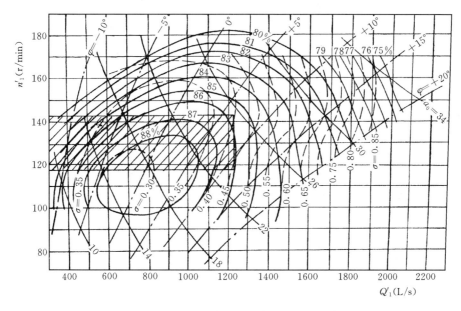

图 4-5 ZZ440 型水轮机工作范围的初步检验

表 4-9　　　　　　　　　　　　　水轮机方案参数对照表

序　号	项　　目		HL240	ZZ440
1	模型转轮参　数	推荐使用的水头范围（m）	25～45	20～36
2		最优单位转速 n'_{10}（r/min）	72	115
3		最优单位流量 Q'_{10}（L/s）	1100	800
4		限制工况单位流量 Q'_{1max}（L/s）	1240	1650
5		最高效率 η_{Mmax}（%）	92	89
6		设计工况汽蚀系数 σ	0.195	0.42
7	原型水轮机参　数	工作水头范围（m）	24.72～35.87	24.72～35.87
8		转轮直径 D_1（m）	3.3	3.3
9		转速 n（r/min）	125	214.3
10		最高效率 η_{max}（%）	94.6	91.6
11		额定出力 N_r（kW）	17750	17750
12		最大引用流量 Q_{max}（m³/s）	69.18	71.0
13		吸出高 H_S	3.27	-3.14

　　从表 4-9 的对照中可以看出，两种不同的机型方案在同样水头下同时满足额定出力的情况下，HL240 与 ZZ440 相比较来看，它具有效率高工作范围好、汽蚀系数小等优点，这可以提高水电站的年发电量和减小厂房的开挖量，而 ZZ440 方案的优点仅表现在水轮机的转速较高，可以选用较小尺寸的发电机以节省水电站的投资，但该型水轮机为双重调节的水轮机，水轮机和调速设备的价格均较高。由此看来，若在制造供货方面没有问题时，初步选用 HL240 方案较为有利。但尚还需要算出各方案的动能和经济指标，作进一步的分析比较，以选出合理的方案。

四、水斗式水轮机主要参数的选择

水斗式水轮机主要参数的选择是在初步确定机组装置方式（立轴式或卧轴式）、转轮个数 z_p 和喷嘴数目 z_0 的基础上进行的。所选择的主要参数有射流直径 d_0、喷嘴直径 d_n、转轮直径 D_1、转速 n 和水斗的数目 z_1 等。它们的选择程序和方法如下：

1. 转轮直径 D_1

当主轴上装有 z_p 个转轮，每个转轮上装有 z_0 个喷嘴时，则转轮的直径应为

$$D_1 = \sqrt{\frac{N_r}{9.81Q'_1 z_p z_0 H_r^{3/2} \eta}} \qquad (4-7)$$

式中 N_r、H_r 为已知；Q'_1 为单转轮、单喷嘴在限制工况的单位流量，可由表 4-5 查得；η 为水轮机在限制工况的效率，可先由模型特性曲线上查得相应的 η_M，并取 $\eta = \eta_M$。

2. 射流直径 d_0

射流直径 d_0 可按式（2-46）计算，当主轴上装有 z_p 个转轮，每个转轮装有 z_0 个喷嘴时，该式可写为

$$d_0 = 0.545 \sqrt{\frac{Q}{z_p z_0 \sqrt{H_r}}}$$

式中 Q 为水轮机的最大引用流量，可按下式计算：

$$Q = \frac{N_r}{9.81 H_r \eta}$$

转轮的直径比 $\dfrac{D_1}{d_0}$，用 m 表示，为使水轮机在运行范围内均保持有较高的效率，所选出的 m 值应在 10～20 之间。

3. 喷嘴直径 d_n

由于喷嘴对射流的收缩，所以喷嘴直径应大于射流直径，一般取为

$$d_n = (1.15 \sim 1.25)d_0 \qquad (4-8)$$

4. 转速 n

$$n = \frac{n'_{10} \sqrt{H_a}}{D_1} \quad (\text{r/min})$$

式中最优单位转速 n'_{10} 可在模型综合特性曲线图或表 4-5 上选取，所选定的转速亦应符合发电机的标准同步转速。

5. 水斗数目 z_1

水斗均匀分布在轮盘的圆周上，其数目的多少应按下述原则选取，即使射流能连续作用在水斗上并使水斗的出水不受影响，这样就会使水轮机获得较高的水力效率和容积效率。所以影响水斗数目的主要因素为直径比 m，可按下式进行估算：

$$z_1 = 6.67 \sqrt{\frac{D_1}{d_0}} \qquad (4-9)$$

对于多喷嘴机组，其射流夹角应避免为相邻水斗夹角的整倍数。

【例 4-2】 已知某水电站的最大水头 $H_{\max} = 470.0\text{m}$，加权平均水头 $H_a = 458\text{m}$，设计水头取与加权平均水头相等，即 $H_r = 458\text{m}$，最小水头 $H_{\min} = 456\text{m}$；水轮机的额定

出力 $N_r=13000\text{kW}$；水电站设计最高尾水位为 1670m。试选择水轮机的型号及其主要参数。

解

（一）水轮机型号的选择

由水电站工作水头情况在水斗式水轮机转轮参数表（表 4-5）中选用 CJ20 型水斗式水轮机，并查得其有关参数为：水斗数 $z_{1M}=20\sim22$；$n'_{10}=39\text{r/min}$；$Q'_{1max}=30\text{L/s}$；直径比 $m=\dfrac{D_1}{d_0}=11.3$。相应的模型综合特性曲线，如图 3-11 所示。经比较选用单转轮双喷嘴卧式装置的水斗式水轮机。

（二）转轮直径 D_1 的选择

由表 4-5 选用模型转轮在限制工况的 $Q'_1=30\text{L/s}$；由图 3-11 上查得限制工况的效率 $\eta_M=0.855$，并取该工况下 $\eta=\eta_M=0.855$，则转轮的直径 D_1 为

$$D_1=\sqrt{\frac{N_r}{9.81Q'_1z_pz_0H_r^{3/2}\eta}}=\sqrt{\frac{13000}{9.81\times0.03\times1\times2\times458^{3/2}\times0.855}}=1.62\text{ m}$$

冲击式水轮机的标称直径目前尚未形成系列，故偏高选为 0.1m 的整倍数，即选用 $D_1=1.70\text{m}$。

（三）射流直径 d_0 的选择

通过水轮机的最大流量为

$$Q=\frac{N_r}{9.81H_r\eta}=\frac{13000}{9.81\times458\times0.855}=3.38\text{ m}^3/\text{s}$$

由此可求得射流直径为

$$d_0=0.545\sqrt{\frac{Q}{z_pz_0\sqrt{H_r}}}=0.545\sqrt{\frac{3.38}{1\times2\times\sqrt{458}}}=0.153\text{ m}$$

选取 $d_0=150\text{mm}$，则直径比 $m=\dfrac{1.70}{0.15}=11.33$，符合表 4-5 中的推荐值，并由此选用喷嘴直径 $d_n=1.20d_0=180\text{mm}$。

（四）转速 n 的选择

$$n=\frac{n'_{10}\sqrt{H_a}}{D_1}=\frac{39\sqrt{458}}{1.70}=490.96\text{ r/min}$$

选用相邻偏高的标准同步转速 $n=500\text{r/min}$。

（五）水斗数 z_1 的选择

由式（4-9）求得

$$z_1=6.67\sqrt{\frac{D_1}{d_0}}=6.67\sqrt{\frac{1.70}{0.15}}=22.45$$

选用 $z_1=22$。

（六）水轮机工作范围的验算

$$Q'_{1max}=\frac{N_r}{9.81D_1^2H_r^{3/2}\eta}=\frac{13000}{9.81\times1.70^2\times458^{3/2}\times0.855}=0.0547\text{ m}^3/\text{s}$$

对单喷嘴 $Q'_{1\max} = \dfrac{1}{2} \times 0.0547 = 0.0273 \text{ m}^3/\text{s} = 27.3 \text{ L/s} < 30 \text{ L/s}$

$$n'_{1\max} = \frac{nD_1}{\sqrt{H_{\min}}} = \frac{500 \times 1.7}{\sqrt{456}} = 39.8 \text{ r/min}$$

$$n'_{1r} = \frac{nD_1}{\sqrt{H_r}} = \frac{500 \times 1.7}{\sqrt{458}} = 39.71 \text{ r/min}$$

$$n'_{1\min} = \frac{nD_1}{\sqrt{H_{\max}}} = \frac{500 \times 1.7}{\sqrt{470}} = 39.20 \text{ r/min}$$

由图 3-11 上可以看出，由 $Q'_{1\max} = 27.3$、$n'_{1\max} = 39.8$、$n'_{1\min} = 39.20$ 所包括的工作范围大部分都在高效率区，其最高效率 $\eta_{\max} = 86.5\%$。所以，对所选择的型号 CJ20—W—$\dfrac{170}{2 \times 15}$ 及其参数是满意的。

（七）安装高程 Z_a 的确定

卧式水斗式水轮机的安装高程按式（2-49）为

$$Z_a = \nabla_w + h_p + \frac{D_1}{2}$$

式中排水高度选为 $h_p = 1.3D_1$，则

$$Z_a = 1670 + (1.3 + 0.5) \times 1.70 = 1673.06 \text{ m}$$

第三节　水轮机的工作特性曲线和运转特性曲线

在上节中，曾经在模型综合特性曲线上初步验算了水轮机的工作范围，但对原型水轮机来说，这种相似工作范围尚不够准确，也不够直观，而且在应用上也很不方便。因此，为了进一步分析比较原型水轮机各方案之间的能量特性，计算水轮机的能量指标以评定所选择各主要参数的正确性，以及在以后指导水轮机的安全运行，则需要绘制水轮机的特性曲线。

水轮机在正常运行中，同步转速 n 是不变的，当水头 H 和出力 N 变化时，效率 η 和汽蚀系数 σ 亦随之变化。反映原型水轮机在各种工况下这些参数之间的关系曲线称为水轮机的特性曲线。最常用的有水轮机工作特性曲线和运转特性曲线。

在一定水头下，效率和出力之间的关系 $\eta = f(N)$ 曲线称为水轮机的工作特性曲线；综合反映各运行工况下 H、N、η、H_s 等参数之间的关系曲线称为水轮机运转特性曲线或水轮机运转综合特性曲线。这些曲线都是根据模型综合特性曲线通过相似律的换算后绘制出来的，现将它们的计算和绘制分述如下：

一、水轮机工作特性曲线的绘制

当水轮机的工作水头 H 一定时，相应于模型水轮机的 $n'_{1M} = \dfrac{nD_1}{\sqrt{H}} - \Delta n'_1$ 为一常数。

在相应的模型综合特性曲线图上作该 n'_{1M} 为常数的平线，它与各等效率曲线相交于许多点，记取各点上的 η_M 和 Q'_1 值，由此便可求得各点相应的

$$\eta = \eta_M + \Delta\eta$$

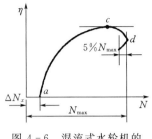

图 4-6 混流式水轮机的
工作特性曲线

$$N = 9.81 Q'_1 D_1^2 H^{3/2} \eta$$

由计算结果便可绘制出水轮机 $\eta = f(N)$ 的工作特性曲线。图 4-6 给出了某一混流式水轮机的工作特性曲线,可以看出:该曲线并不通过原点,这是由于水轮机在空载时,尚需要消耗一定的功率 ΔN_x 以维持其在额定转速下空转;c 点为该水头下的最高效率点,d 点为最大出力 N_{max} 点;为了保证水轮机的稳定工作,而把水轮机的工作限制在 $95\% N_{max}$ 以内,图上还标出了 5% 出力限制线。

同样,亦可绘制轴流定桨式、轴流转桨式和水斗式水轮机的工作特性曲线。为了便于分析比较,连同混流式水轮机的工作特性曲线一并绘在图 4-7 上,该图的纵横坐标都用相对的百分数表示。从图上可以看出:轴流定桨式水轮机的工作特性曲线最为陡峻,高效率范围狭窄,稍偏离最优工况效率即急剧下降;轴流转桨式水轮机能够调整叶片的转角 φ 使之与导叶的开度 a_0 一起协联工作以适应出力的变化,因此其高效率范围比较宽广,效率变化比较平稳。

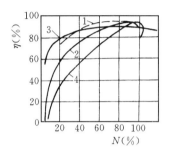

图 4-7 各种不同比转速的现代
大型水轮机的工作特性曲线
1—轴流转桨式,$n_s = 625$;2—混流式,
$n_s = 300$;3—水斗式,$n_s = 20$;
4—轴流定桨式,$n_s = 570$

混流式水轮机的效率最高,但效率的平稳情况却比轴流转桨式水轮机差;水斗式水轮机的效率较低,但效率的变化却较平稳。所以轴流转桨式和水斗式水轮机均能适合于承担频繁而变化较大的负荷。

二、水轮机运转特性曲线的绘制

水轮机的运转特性曲线采用以出力 N 为横坐标,以水头 H 为纵坐标,并采用在坐标图上绘制 $\eta = f(H \cdot N)$ 的等效率曲线、出力限制线和 $H_s = f(H \cdot N)$ 的等吸出高曲线来综合表示水轮机的能量特性、汽蚀特性和运行限制范围。

由于混流式水轮机和轴流转桨式水轮机在结构和运行上都有所不同,因而其运转特性曲线的形式也存在有一定的差别。现将这两种水轮机运转特性曲线的计算和绘制分述如下。

(一)混流式水轮机运转特性曲线

1. 等效率曲线的绘制

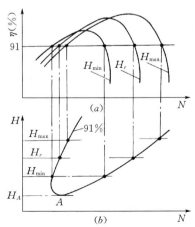

图 4-8 等效率曲线的绘制

在水轮机的工作水头范围以内取 4~6 个水头(其中应包括有 H_{max}、H_r、H_{min} 在内),并绘制每个水头下的工作特性曲线,如图 4-8(a)所示。在该图上以某一效率(如 $\eta = 91\%$)为常数作平线,它与诸曲线相交并可得出各交点上的 H、N 值,然后依 H、N 值将各点落在 $H—N$ 的坐标场里,并把它们连接成光滑的曲线,如图 4-8(b)所示,即为该效率值($\eta = 91\%$)的等效率曲线。同样,亦可作出其他效率值的等效率

曲线。作图时应注意使 (a)、(b) 图具有相同标值的横坐标并上下对应。

为了作图和计算上的方便，可将上列数值列表进行计算，如表 4-10 所示。

2. 出力限制线的绘制

水轮机在运行中，其出力要受到发电机额定出力和 5% 出力限制线的限制，因此在水轮机运转特性曲线图上也必须反映这种限制。

表 4-10　　混流式水轮机等效率曲线计算表

$H_{\max}=$			$H_r=$	$H=$	$H_{\min}=$
$n'_{1M}=\dfrac{nD_1}{\sqrt{H_{\max}}}-\Delta n'_1$					
$N=(9.81D_1^2 H_{\max}^{3/2})\eta Q'_1$					
η_M	Q'_1	$\eta=\eta_M+\Delta\eta$	N		
5% 出力限制线上					

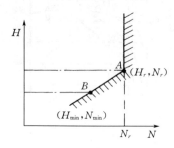

图 4-9　水轮机的出力限制线

发电机额定出力的限制表现在水轮机运转特性曲线图上即是水轮机额定出力的限制。水轮机的额定出力为一定值，所以在 H—N 坐标场里表现为一垂直线，如图 4-9 所示。

水轮机的设计水头是水轮机发出额定出力时最小的一个水头，因此当 $H\geqslant H_r$ 时，水轮机的工作受其额定出力的限制；当 $H<H_r$ 时，由于运行效率降低，水轮机则受到 5% 出力限制线的限制，这可在表 4-10 末专门辟出一栏，对限制线上的各点分别予以计算，得出最小水头 $H_{\min}$ 时相应于 5% 出力限制线上的最小出力 $N_{\min}$，然后在 H—N 坐标图中以 A 点 $(H_r，N_r)$ 和 B 点 $(H_{\min}，N_{\min})$ 连成直线，即得出 $H<H_r$ 时的出力限制线，如图 4-9 所示。

3. 等吸出高曲线的绘制

等吸出高曲线可按下列方法步骤绘制：

1）根据等效率曲线计算表 4-10 中的 Q'_1 和 N 作不同水头下 $N=f(Q'_1)$ 的辅助曲线，如图 4-10 所示。

2）在相应的模型综合特性曲线上，作以各水头下 n'_{1M} 为常数的平线，它与等汽蚀系数线分别相交于许多点，记下各点的 σ 和 Q'_1 值，并将其列入表 4-11 中，表中 $\Delta\sigma$ 值可由 H_r 在图 2-16 上查得。

表 4-11　　混流式水轮机等吸出高曲线计算表

$H_{\max}=$				$H_r=$	$H=$	$H_{\min}=$
$n'_{1M}=\dfrac{nD_1}{\sqrt{H_{\max}}}-\Delta n'_1$						
$\Delta\sigma=$						
σ	Q'_1	N	$\sigma+\Delta\sigma$	$(\sigma+\Delta\sigma)\,H_{\max}$	H_S	

3）由上述已知的 Q'_1 可在 $N=f(Q'_1)$ 辅助曲线上查得相应的 N 值，并记入表 4-11 中。

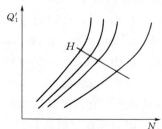

图 4-10　$N=f(Q'_1)$ 辅助曲线

4）由公式 $H_S=10.0-\dfrac{\nabla}{900}-(\sigma+\Delta\sigma)H$ 计算出各 σ 值时相应的吸出高 H_S，并列入表 4-11 中。

5）根据表中对应的 H_S 和 N 作各水头下的 $H_S=f(N)$ 的辅助曲线，如图 4-11 (a) 所示。

6）在 $H_S=f(N)$ 的辅助曲线上，作某一 H_S（如 $H_S=-3m$）为常数的平线，它与该辅助曲线交于许多点，并可得出各交点上的 H、N 值。然后依此 H、N 值将各点落在 H—N 坐标场里并连接成光滑的曲线，即为该吸出高（$H_S = -3\text{m}$）的等吸出高曲线，如图 4-11 (b) 所示。同样，亦可得出 H_S 为其他值时的等吸出高曲线。

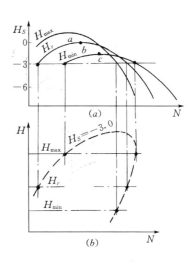

由此可以看出等吸出高曲线给出了水轮机在其工作范围内各运行工况下的最大允许吸出高 H_S 值，它对水轮机方案的比较和安装高程的确定有很大的作用。

（二）轴流转桨式水轮机运转特性曲线

轴流转桨式水轮机在运行中，当负荷变化时，在导叶开度 a_0 变化的同时叶片的转角 φ 亦随之变化，由此其运转特性曲线与混流式水轮机相比也有所不同，现就这些不同之处的绘制方法分述如下：

图 4-11　等吸出高曲线的绘制

1. 等效率曲线的绘制

绘制等效率曲线的不同之处主要表现在：计算效率修正值时，应按不同的 φ 角计算其 $\Delta\eta_\varphi$，如表 4-8 所示；同时在模型综合特性曲线上按 n'_{1M} 为常数作平线后，应选取与等 φ 线相交处的 η_M 与 Q'_1 值。其计算可按表 4-12 的格式进行。

表 4-12　轴流转桨式水轮机等效率曲线计算表

轮叶转角	效率修正值	$H_{max} =$ $n'_{1M} = \dfrac{nD_1}{\sqrt{H_{max}}} - \Delta n'_1$ $N = (9.81 D_1^2 H_{max}^{3/2})\,\eta Q'_1$			$H_r = H =$	$H_{min} =$
φ	$\Delta\eta_\varphi$	η_M	Q'_1	$\eta = \eta_M + \Delta\eta_\varphi$	N	

2. 出力限制线的绘制

当 $H \geqslant H_r$ 时，轴流转桨式水轮机的工作亦应受到发电机额定出力的限制，所以在运转特性曲线图上其限制线亦为一水轮机额定出力的垂直线。当 $H < H_r$ 时，水轮机的出力受到最大过水能力的限制，亦即受到导叶最大开度 a_{0max} 的限制，这可通过模型综合特性曲线得到。

水轮机导叶的最大开度 a_{0max} 是由最大流量的工况点 $A(H_r, N_r)$ 所确定的，如图 4-12 (b) 所示，在此工况下相应的模型单位参数为

$$n'_{1M} = \frac{nD_1}{\sqrt{H_r}} - \Delta n'_1$$

$$Q'_{1max} = \frac{N_r}{9.81 D_1^2 H_r^{3/2} \eta}$$

式中　η——水轮机在工况 A 时的效率，可在水轮机的运转特性曲线图上查得。

由此 n'_{1M}、Q'_{1max} 便可在水轮机的模型综合特性曲线图上找到其相应的工况点 A' 和通过该点的最大开度 a_{0Mmax} 为常数的等开度线，如图 4-12 (a) 所示。

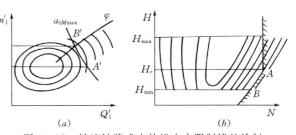

图 4-12　轴流转桨式水轮机出力限制线的绘制

在最小水头 $H_{\min}$ 时，相应的 $n'_{1M}=\dfrac{nD_1}{\sqrt{H_{\min}}}-\Delta n'_1$。在模型综合特性曲线图上作该 n'_{1M}

为常数的平线，它与上述 $a_{0M\max}$ 的等值线相交于 B' 点，如图 4 – 12 （a）所示，并查得 B' 点上相应的 Q'_1、φ 和 η_M，由此便可求得原型水轮机在 $H_{\min}$ 时的最大出力 N_B 为

$$N_B=9.81Q'_1D_1^2H_{\min}^{3/2}(\eta_M+\Delta\eta_\varphi)$$

在水轮机的运转特性图上，以 $H_{\min}$、N_B 便可找到相应的 B 点，如图 4 – 12 （b）所示。以直线连接 A、B 两点，便可得出水轮机在 $H<H_r$ 时的出力限制线。

3. 等吸出高曲线的绘制

其绘制方法与混流式水轮机相同，此处不再重述。

现以第二节中所选出的 HL240 型和 ZZ440 型水轮机为例，分别说明其运转特性曲线的具体绘制：

HL240 型水轮机运转特性曲线的绘制

1. 基本资料

转轮的型式	HL240 型，模型综合特性曲线图 3 – 7
转轮的直径和转速	$D_1=3.3\mathrm{m}$、额定转速 $n-125\mathrm{r/min}$
特征水头	$H_{\max}=35.87\mathrm{m}$，$H_r=28.5\mathrm{m}$，$H_{\min}=24.72\mathrm{m}$
水轮机的额出力	$N_r=17750\mathrm{kW}$
水轮机安装处的海拔高程	$\triangledown=24.0\mathrm{m}$

2. 等效率曲线的计算

由于水电站的水头变化范围较小，现取 4 个水头，即 $H_{\max}=35.87\mathrm{m}$、$H=32.0\mathrm{m}$、$H_r=28.5\mathrm{m}$ 和 $H_{\min}=24.72\mathrm{m}$，按以上所述的方法及例题中有关的数据，列表 4 – 13 分别进行计算。

表 4 – 13　　　　　　　　　HL240 型水轮机等效率曲线计算表

$H_{\max}=35.87$（m） $n'_1=\dfrac{nD_1}{\sqrt{H_{\max}}}=\dfrac{125\times3.3}{\sqrt{35.87}}=68.9$（r/min） $N=(9.81D_1^2H_{\max}^{3/2})\eta Q'_1=22.95\eta Q'_1$(MW)				$H=32.0$（m） $n'_1=\dfrac{125\times3.3}{\sqrt{32.0}}=72.9$ $N=19.34\eta Q'_1$（MW）				$H_r=28.5$（m） $n'_1=\dfrac{125\times3.3}{\sqrt{28.5}}=77.3$ $N=16.25\eta Q'_1$（MW）				$H_{\min}=24.72$（m） $n'_1=\dfrac{125\times3.3}{\sqrt{24.72}}=83.0$ $N=13.13\eta Q'_1$（MW）			
η_M （%）	Q'_1 （m³/s）	$\eta=\eta_M+\Delta\eta$ （%）	N （MW）	η_M	Q'_1	η	N	η_M	Q'_1	η	N	η_M	Q'_1	η	N
86	0.80	87.6	16.1	86	0.79	87.6	13.4	85	0.79	86.5	11.1	82.5	0.83	84.1	9.17
87	0.84	88.6	17.1	87	0.84	88.6	14.4	86	0.83	87.6	11.8	85	0.94	86.6	10.7
88	0.86	89.6	18.0	88	0.88	89.6	15.3	87	0.88	88.6	12.7	86	0.98	87.6	11.3
89	0.91	90.6	18.9	89	0.92	90.6	16.1	88	0.92	89.6	13.4	87	1.02	88.6	11.9
90	0.94	91.6	19.8	90	0.96	91.6	17.0	89	0.96	90.6	14.1	88	1.06	89.6	12.5
91	0.98	92.6	20.8	91	1.00	92.6	17.9	90	1.00	91.6	14.9	89	1.10	90.6	13.1
91	1.16	92.6	24.7	91	1.20	92.6	21.5	91	1.03	92.6	15.9	90	1.15	91.6	13.8
90	1.19	91.6	25.0	90	1.24	91.6	22.0	91	1.22	92.6	18.4	90	1.24	91.6	14.9
89	1.23	90.6	25.6	89	1.26	90.6	22.1	90	1.25	91.6	15.1	89	1.27	90.6	15.1
88	1.27	89.6	26.1	88	1.30	89.6	22.5	89	1.28	90.6	18.8	88	1.31	89.6	15.4
87	1.30	88.6	26.4	87	1.32	88.6	22.6	88	1.31	89.6	19.1	87	1.34	88.6	15.6
86	1.33	87.6	26.7	86	1.35	87.6	22.9	87	1.36	88.6	19.2	86	1.36	87.6	15.7
5% 出 力 限 制 线 上 的 点															
88.7	1.24	90.3	25.69	90	1.24	91.6	22.0	90.4	1.24	92.0	18.5	89.8	1.25	91.4	15.0

3. 等吸出高曲线的计算

亦按前述方法和例题中的有关数据列表 4-14 以不同水头分别进行计算。

表 4-14　　　　　　　　HL240 型水轮机等吸出高曲线计算表

H (m)	n'_1 (r/min)	σ	Q'_1 (m³/s)	N (MW)	$\sigma + \Delta\sigma$	$(\sigma + \Delta\sigma) H$	H_S (m)
		0.22	0.79	16.0	0.26	9.33	0.64
		0.21	0.91	19.8	0.25	8.97	1.00
35.87	68.9	0.21	1.29	26.2	0.25	8.97	1.00
		0.22	1.35	26.7	0.26	9.33	0.64
		0.23	1.37	26.9	0.27	9.68	0.29
		0.22	0.79	13.6	0.26	8.32	1.65
		0.21	0.84	14.7	0.25	8.00	1.97
32.0	72.9	0.20	0.87	15.5	0.24	7.68	2.29
		0.20	1.28	22.0	0.24	7.68	2.29
		0.21	1.32	22.4	0.25	8.00	1.97
		0.22	1.37	22.9	0.26	8.32	1.65
		0.22	0.81	11.3	0.26	7.41	2.56
		0.21	0.85	12.1	0.25	7.13	2.84
28.5	77.3	0.20	0.95	14.0	0.24	6.84	3.13
		0.20	1.29	18.8	0.24	6.84	3.13
		0.21	1.33	19.1	0.25	7.13	2.84
		0.22	1.35	19.3	0.26	7.41	2.55
		0.22	0.91	10.6	0.26	6.43	3.54
		0.21	1.03	12.4	0.25	6.18	3.79
24.72	83.0	0.21	1.21	14.4	0.25	6.18	3.79
		0.22	1.26	14.8	0.26	6.43	3.54
		0.23	1.30	15.2	0.27	6.67	3.30

4. 绘制水轮机的运转特性曲线

由表 4-13 中的数据便可绘制出水轮机的工作特性曲线，如图 4-13（a）所示，等效率曲线和出力限制线如图 4-13（b）所示，同时还可绘出 $N = f(Q'_1)$ 的辅助曲线如图 4-14 所示。再由表 4-14 中的数据绘出 $H_S = f(N)$ 辅助曲线，如图 4-15 所示，并由此在图 4-13（b）上绘制出等 H_S 曲线。这样，图 4-13（b）便成为 HL240 型水轮机的运转特性曲线。

ZZ440 型水轮机运转特性曲线的绘制

1. 基本资料

转轮的型式　　　　　　　ZZ440 型，模型综合特性图 3-10

转轮的直径和转速　　　　$D_1 = 3.3$m、转速 $n = 214.3$r/min

特征水头　　　　　　　　$H_{max} = 35.87$m、$H_r = 28.5$m、$H_{min} = 24.72$m

水轮机额定出力　　　　　$N_r = 17750$kW

水轮机安装处的海拔高程　$\nabla = 24.0$m

2. 等效率曲线的计算与绘制

同样，取 $H_{max} = 35.87$m、$H = 32.0$m、$H_r = 28.5$m、$H_{min} = 24.72$m 等 4 个水头按前述方法列表 4-15 分别进行计算，表中在不同转角 φ 时的效率修正值 $\Delta\eta_\varphi$ 可由表 4-8 得到。根据计算结果可首先绘制各水头下的水轮机工作特性曲线图 4-16（a），然后绘制等

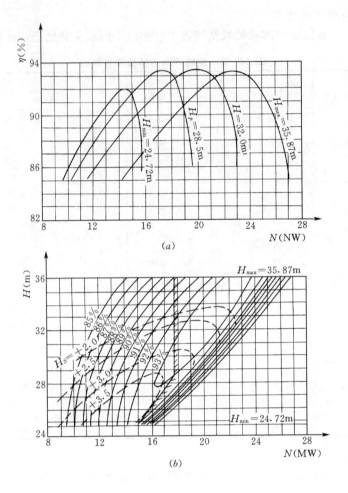

图 4-13　HL240（$D_1 = 3.3\text{m}$，$n = 125\text{r/min}$）
型水轮机特性曲线

（a）工作特性曲线；（b）运转特性曲线

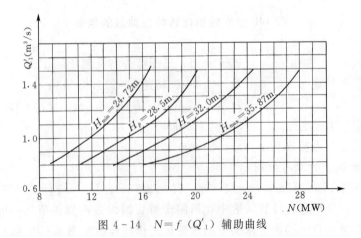

图 4-14　$N = f\,(Q'_1)$ 辅助曲线

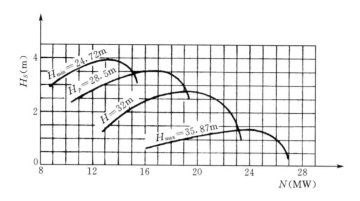

图 4-15 $H_S = f(N)$ 辅助曲线

效率曲线，如图 4-16 (b) 所示。

表 4-15　　　　　　　　**ZZ440 型水轮机等效率曲线计算表**

轮叶转角	效率修正值	$H_{max} = 35.87$ (m) $n'_1 = \dfrac{214.3 \times 3.3}{\sqrt{35.87}} = 118.1$ $N = (9.81 D_1^2 H_{max}^{3/2}) \eta Q'_1 = 22.95 \eta Q'_1$ (MW)				$H = 32.0$ (m) $n'_1 = \dfrac{214.3 \times 3.3}{\sqrt{32.0}} = 125.0$ $N = 19.34 \eta Q'_1$ (MW)			
φ	$\Delta \eta_\varphi$ (%)	η_M (%)	Q'_1 (m³/s)	$\eta = \eta_M + \Delta \eta_\varphi$ (%)	N (MW)	η_M	Q'_1	η	N
$-10°$	3.8	84.5	0.38	88.3	7.70	84.0	0.39	87.8	6.62
$-5°$	2.8	87.8	0.57	90.6	11.85	87.5	0.59	90.3	10.30
$0°$	2.6	88.9	0.78	91.5	16.38	88.9	0.81	91.5	14.33
$+5°$	2.7	88.3	0.98	91.0	20.47	88.2	1.01	90.9	17.76
$+10°$	3.1	86.5	1.16	89.6	23.85	86.1	1.23	89.2	21.22
$+15°$	3.4	84.6	1.39	88.0	28.07	84.0	1.44	87.4	24.34
轮叶转角	效率修正值	$H_r = 28.5$ (m) $n'_1 = \dfrac{214.3 \times 3.3}{\sqrt{28.5}} = 132.5$ $N = 16.25 \eta Q'_1$ (MW)				$H_{min} = 24.72$ (m) $n'_1 = \dfrac{214.3 \times 3.3}{\sqrt{24.72}} = 142.2$ $N = 13.13 \eta Q'_1$ (MW)			
φ	$\Delta \eta_\varphi$ (%)	η_M (%)	Q'_1 (m³/s)	$\eta = \eta_M + \Delta \eta_\varphi$ (%)	N (MW)	η_M	Q'_1	η	N
$-10°$	3.8	82.8	0.41	86.6	5.77	81.2	0.44	85.0	4.91
$-5°$	2.8	86.5	0.62	89.3	9.00	85.0	0.67	87.8	7.72
$0°$	2.6	88.2	0.86	90.8	12.69	86.8	0.93	89.4	10.92
$+5°$	2.7	87.4	1.07	90.1	15.67	86.2	1.16	88.9	13.54
$+10°$	3.1	85.2	1.31	88.3	18.79	83.9	1.41	87.0	16.11
$+15°$	3.4	82.8	1.55	86.2	21.71	81.0	1.67	84.4	18.51

3. 出力限制线的计算与绘制

当 $H \geqslant H_r = 28.5$m 时，在图 4-16 (b) 上可绘出水轮机额定出力 $N_r = 17750$kW 的垂直限制线。

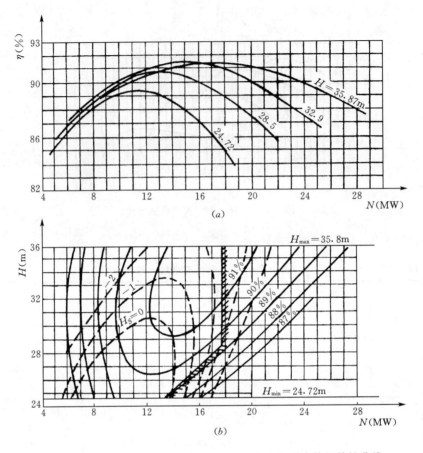

图 4-16 ZZ440 ($D_1 = 3.3\text{m}$，$n = 214.3\text{r/min}$）型水轮机特性曲线

(a) 工作特性曲线；(b) 运转特性曲线

当 $H < H_r = 28.5\text{m}$ 时，水轮机出力受到最大开度的限制，这需要在模型综合特性曲线图上先求得模型的最大开度。

在水轮机设计工况（$H_r = 28.5\text{m}$、$N_r = 17750\text{kW}$）时的单位参数为 $n'_{1r} = 132.47\text{r/min}$、$Q'_{1max} = 1.22\text{m}^3/\text{s}$，由此便可在模型综合特性曲线图 3-10 上查得模型水轮机导叶的最大开度 $a_{0Mmax} = 24.6\text{mm}$。

当 $H_{min} = 24.72\text{m}$ 时，相应的 $n'_1 = 142.24\text{r/min}$，在图 3-10 上作此 n'_1 值的平线，它与 $a_{0Mmax} = 24.6\text{mm}$ 的等开度线相交，并查得该交点上相应的 $Q'_1 = 1.15\text{m}^3/\text{s}$，$\eta_M = 86.2\%$，$\varphi = +5°$，同时亦可由表 4-8 查得相应的 $\Delta\eta_\varphi = 2.7\%$。由此，水轮机在最小水头和最大开度时：

$$\eta = \eta_M + \Delta\eta_\phi = 0.862 + 0.027 = 0.889$$

$$N = 9.81 Q'_1 D_1^2 H_{min}^{3/2} \eta = 9.81 \times 1.15 \times 3.3^2 \times 24.72^{3/2} \times 0.889$$

$$= 13423.6 \text{ kW} = 13.42 \text{ MW}$$

在图 4-16 (b) 上，将（$H_r = 28.5\text{m}$，$N_r = 17.75\text{MW}$）和（$H_{min} = 24.72\text{m}$、$N =$

13.42MW）两工况点以直线连接，即得出水轮机在 $H<H_r$ 时的出力限制线。

4. 等吸出高曲线的计算与绘制

亦按前述的方法和例题中的有关数据，列表 4-16 分别以不同水头进行计算，表中的出力 N 系由图 $4-17 N=f（Q'_1）$ 辅助曲线上查得的。由计算结果可绘制 $H_S=f（N）$ 的辅助曲线图 4-18，并由此在图 4-16（b）上绘出等 H_S 曲线。图 4-16（b）即为 ZZ440 型水轮机的运转特性曲线。

表 4-16 　　　　　　ZZ440 型水轮机等吸出高曲线计算表

H (m)	n'_1 (r/min)	σ	Q'_1 (m³/s)	N (MW)	$\sigma+\Delta\sigma$	$(\sigma+\Delta\sigma) H$	H_S (m)
35.87	118.1	0.35	0.46	9.5	0.39	14.00	−4.03
		0.30	0.57	11.7	0.34	12.20	−2.23
		0.30	0.83	17.3	0.34	12.20	−2.23
		0.35	1.03	21.6	0.39	14.00	−4.03
		0.40	1.14	23.8	0.44	15.78	−5.81
		0.45	1.20	25.0	0.49	17.58	−7.61
		0.50	1.30	26.6	0.54	19.37	−9.40
		0.55	1.39	28.1	0.59	21.16	−11.19
32.0	125.0	0.35	0.48	8.6	0.39	12.48	−2.51
		0.30	0.61	10.7	0.34	10.88	−0.91
		0.30	0.82	14.5	0.34	10.88	−0.91
		0.35	1.05	18.3	0.39	12.48	−2.51
		0.40	1.17	20.3	0.44	14.08	−4.11
		0.45	1.24	21.2	0.49	15.68	−5.71
		0.50	1.32	22.5	0.54	17.28	−7.31
		0.55	1.41	23.8	0.59	18.88	−8.91
28.5	132.5	0.35	0.52	7.62	0.39	11.12	−1.15
		0.35	1.10	16.20	0.39	11.12	−1.15
		0.40	1.20	17.50	0.44	12.54	−2.57
		0.45	1.30	18.80	0.49	13.79	−4.00
		0.50	1.39	19.90	0.54	15.39	−5.42
		0.55	1.46	20.70	0.59	16.81	−6.84
		0.60	1.53	21.50	0.64	18.24	−8.72
24.72	142.2	0.35	0.58	6.7	0.39	9.64	+0.33
		0.35	1.12	13.2	0.39	9.64	+0.33
		0.40	1.23	14.3	0.44	10.87	−0.90
		0.45	1.35	15.6	0.49	12.11	−2.14
		0.50	1.44	16.4	0.54	13.35	−3.38
		0.55	1.53	17.2	0.59	14.58	−4.61
		0.60	1.59	17.8	0.64	15.82	−5.85

三、水轮机的总特性曲线

在水电站运行中，根据电力系统中负荷的需要可能使一台、多台甚至全部机组投入工作，为了使运行机组的平均效率最高，就需要研究在不同负荷下各机组之间最优负荷分配问题，也就是需要解决机组投入的最佳次序和最优工作台数问题。

在水电站中，一般均装设同一型式和相同容量的机组，由于发电机的效率变化很小，所

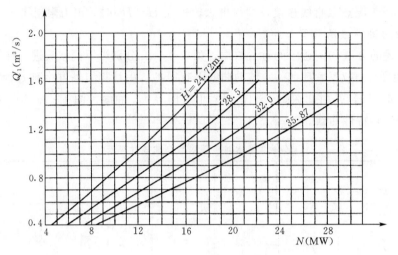

图 4 - 17 $N = f(Q'_1)$ 辅助曲线

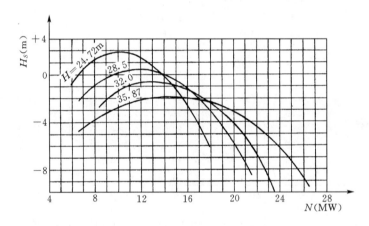

图 4 - 18 $H_S = f(N)$ 辅助曲线

以运行机组的效率变化主要取决于水轮机效率的变化。对具有相同特性的水轮机，由理论可以证明，运行水轮机之间以等负荷分配的方式为最优，根据这个原则便可绘制同时运行的所有水轮机的总特性曲线。一般常用的有水轮机的总工作特性曲线和总运转特性曲线。

图 4 - 19（a）为 ZZ440（$D_1 = 3.3\text{m}$、$n = 214.3\text{r/min}$）型水轮机在设计水头 $H_r = 28.5\text{m}$ 时的总工作特性曲线。图中曲线 1 为一台水轮机工作时的 $\eta = f(N)$ 工作特性曲线（这在图 4 - 16 中已经绘出）；按照等出力分配的原则，将该曲线上各点的横坐标值乘 2，便可绘出两台水轮机同时运行的工作特性曲线（曲线 2）；同样将曲线 1 上各点的横坐标值乘 3，便可绘出三台水轮机同时运行的工作特性曲线（曲线 3）等等，以至绘出水电站全部水轮机同时运行的总工作特性曲线。图中曲线 1 和曲线 2 相交处的出力为 N_a，曲线 2 和曲线 3 相交处的出力为 N_b，由此可以看出：当水电站的负荷小于 N_a 时，最好用一台水轮机工作，因为这种运行方式可以得到最高的效率；当负荷在 $N_a \sim N_b$ 之间时，最好用两台机组同时工作；当负荷大于 N_b 时则用三台机组工作；等等。这样，便可得出水轮机在运行中从一种台数过渡到另一种台数的最优切换条件（如 N_a、N_b、…等），从而给

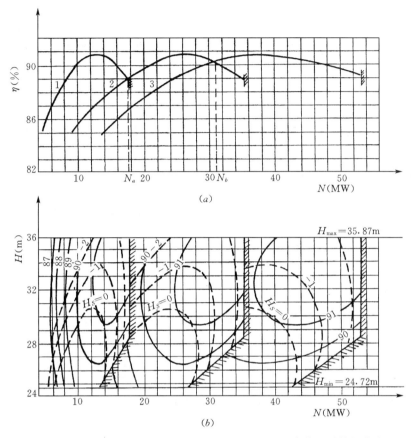

图 4-19 ZZ440（$D_1=3.3\text{m}$、$n=214.3\text{r/min}$）型水轮机总特性曲线

（a）总工作特性曲线；（b）总运转特性曲线

水电站提供了在不同负荷时水轮机之间最优负荷分配方式和运行方式。

为了表示不同水轮机台数在不同水头下的运行方式，同时亦可绘出水轮机的总运转特性曲线。图 4-19（b）即为 ZZ440（$D_1=3.3\text{m}$、$n=214.3\text{r/min}$）型水轮机在 $H=24.72\sim35.87\text{m}$ 时的总运转特性曲线，作图时先绘出一台水轮机的运转特性曲线（这在图 4-16 中已经绘出），同样根据等出力分配的原则，将曲线上各工况点的横坐标值乘 2、乘 3 等，便可绘出两台、三台以至全部水轮机同时工作的总运转特性曲线。

利用水轮机的总运转特性曲线还可以较准确的求得水轮机的多年平均发电量。由水能规划所提供的资料，可知水轮机在代表年月典型日负荷图上每小时的工作出力 N_i，由此 N_i 和所在月份的平均水头 $\overline{H}$，便可在总运转特性曲线上查得相应的效率 η_i，可按下式即可求得该月典型日平均效率 $\overline{\eta}$ 和该月的电能 E：

$$\overline{\eta}=\frac{\sum\limits_{i=1}^{24}N_i\eta_i}{\sum\limits_{i=1}^{24}N_i} \tag{4-10}$$

$$E=9.81\overline{Q}\overline{H}\overline{\eta}T \tag{4-11}$$

式中 $\overline{Q}$——计算月的平均调节流量；

    T——计算月的小时数。

将各月的电能累积起来，便可得到全年的发电量，并可进一步求得多年平均发电量。多年平均发电量是水轮机方案动能经济比较中的主要指标之一，有了它便可与水电站的投资和年运行费用一起进行各方案的动能经济比较，以选出更合理的水轮机方案。

第四节　蜗壳的型式及其主要尺寸的确定

对于大中型反击式水轮机，为了使由压力水管引来的水流能够以较小的水头损失、均匀而呈轴对称的进入导水机构，所以在水管末端和座环之间设置了蜗壳，如图 4-20 所示。由于其断面由进口断面（即 $c—c$ 断面）向末端逐渐减小，形成了蜗牛壳的样子，故称为蜗壳。

一、蜗壳的型式

按照水轮机的型式、水头和流量的不同，蜗壳的型式也有所不同，概括起来可分为以下两大类：

1. 混凝土蜗壳

一般当水轮机的最大工作水头在 40m 以下时，为了节约钢材，多采用钢筋混凝土浇制的蜗壳，简称为混凝土蜗壳，考虑到施工模板制作的方便，它的断面形状多采用梯形断面，如图 4-21 （b）所示。由于断面可以沿轴向上或向下延伸，在断面积相等的情况下它比起圆形断面则有较小的径向尺寸，如

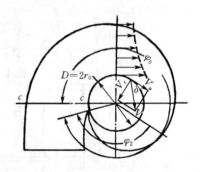

图 4-20　水流在蜗壳中的运动

图 4-22 所示，这对减小厂房尺寸和基建投资较为有利，所以混凝土蜗壳特别适用于低水头大流量的轴流式水轮机。混凝土蜗壳也有用在水头大于 40m 的情况（目前最高可用到 80m），此时可在蜗壳内壁作钢板衬砌，钢板的厚度为 $10\sim16mm$，仅作为防止渗漏与磨损的保护层。

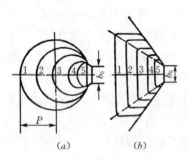

图 4-21　蜗壳断面的形状
（a）圆形断面；（b）梯形断面

2. 金属蜗壳

当水轮机的最大工作水头在 40m 以上时，蜗壳通常是由钢板焊接或由钢铸造而成，统称为金属蜗壳。为了改善蜗壳的受力状态，金属蜗壳的断面形状均采用圆形断面，如图 4-21 （a）所示，这种蜗壳多适用于中高水头的混流式水轮机。钢板焊接的蜗壳是由许多块成形后的钢板拼装焊接而成的，如图 4-23 所示，钢板的厚度也因各断面的受力不同而不同，通常是由进口断面（$c—c$ 断面，亦即 +X 断面）向末端逐渐减小。当蜗壳承受的内水压力过大时，使得蜗壳的钢板过厚，在成形和焊接上都难以保证质量，因此可采用与座环一起铸造而成的铸钢蜗壳，这可在工厂铸造。若因尺寸过大，在铸造或运输上有困难时，可分成两瓣或四瓣铸造，然后运到工地用螺栓连接为整体，图 4-24 即为分四瓣铸造的蜗壳。

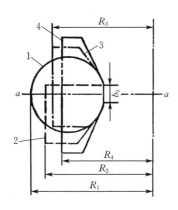

图 4-22 不同断面形状蜗壳径向尺寸的比较

1—圆形断面；2—下伸式断面；3—上伸式断面；4—对称式断面

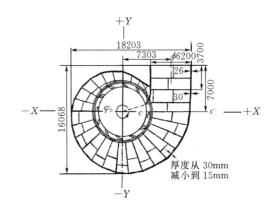

图 4-23 钢板焊接的蜗壳

厚度从 30mm 减小到 15mm

二、蜗壳主要参数的选择

如图 4-23 所示，蜗壳的末端通常和一个座环的固定导叶连接在一起，称为蜗壳的鼻端，从鼻端到蜗壳进口断面之间的中心角称为蜗壳的包角，用 φ_0 表示。在选定 φ_0 之后即可求得通过蜗壳进口断面的流量 Q_c 为

$$Q_c = \frac{Q_{max}}{360°}\varphi_0 \tag{4-12}$$

式中 Q_{max}——水轮机的最大引用流量，这在水轮机选择时已经求得。

这样，在确定蜗壳进口断面的面积和各部尺寸时，就首先需要选择和确定蜗壳的断面形式、包角 φ_0 和进口断面的平均流速 V_c。现将这些参数的选择分述如下。

1. 断面的形式

金属蜗壳的断面形状均作成圆形，对于钢板制作的蜗壳，它是沿座环圆周焊接在上、下碟形边上，如图 4-25 所示。图上还标出了有关的结构参数：座环的外径 D_a（半径 r_a），内径 D_b（半径 r_b）；导叶高度 b_0；座环碟形边

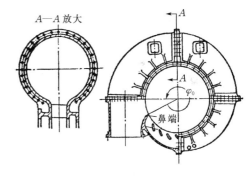

图 4-24 分四瓣铸造的蜗壳

切线与水平中心线的夹角 α；蜗壳断面半径 ρ；蜗壳断面外缘半径 R 等。其中 D_a、D_b 可由附录二查得，b_0 由附录一查得，α 一般为 55°，ρ、R 可由计算确定。在蜗壳末端由于其断面过小不能和碟形边相接，因此采用椭圆断面。

混凝土蜗壳梯形断面的形式可能有四种，如图 4-26 所示。一般考虑到在蜗壳顶部布置接力器的方便多采用 $m=n$ 和 $m>n$ 的（a）、（b）两种形式；当水电站的死水位较高，地基为岩基

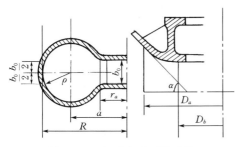

图 4-25 蜗壳与座环的连接

时，为了减少进口段的开挖，多采用 $m<n$（c）的形式；$n=0$ 的平顶蜗壳可以减小厂房下部混凝土量，但须注意由于断面的过分下伸会形成水流死角的情况。在选择这些断面形式及尺寸时应尽可能地满足下列条件并符合厂房设计的要求：

当 $n=0$ 或 $m=0$ 时，$\dfrac{b}{a}=1.5\sim1.7$ 甚至 2.0，$\delta=30°$，$\gamma=10°\sim15°$；

当 $m>n$ 时，$\dfrac{b-n}{a}=1.2\sim1.7$ 甚至 1.85，$\delta=20°\sim30°$，$\gamma=10°\sim20°$；

当 $m\leqslant n$ 时，$\dfrac{b-m}{a}=1.2\sim1.7$ 甚至 1.85，$\delta=20°\sim30°$，$\gamma=20°\sim35°$。

在进口断面的形式和尺寸确定以后，对于中间断面的绘制，可由蜗壳顶角点和底角点的变化规律来确定，通常采用直线变化规律（如图 4-27 中的 BA、DC 虚线）或抛物线变化规律（图 4-27 中的 FE、HG 虚线）。

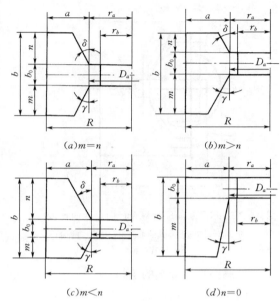

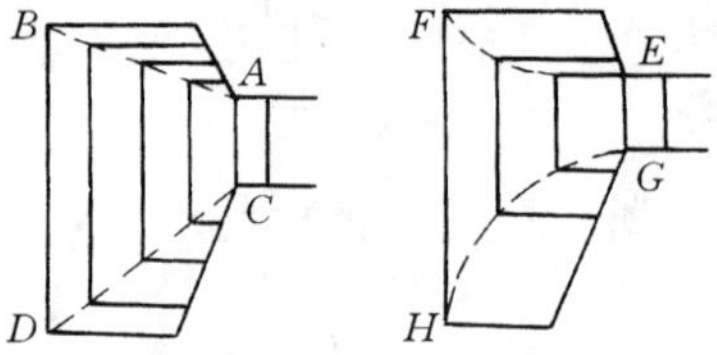

图 4-26　混凝土蜗壳的断面形式

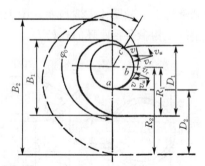

图 4-27　混凝土蜗壳的断面变化

2. 蜗壳的包角 φ_0

为了使水流能够均匀而且呈轴对称地进入导水机构，选择蜗壳的包角 $\varphi_0=360°$ 是有利的，但这样却增大了蜗壳的尺寸，在图 4-28 上绘出了在同一水头和流量下当 $\varphi_0=210°$（实线）和 $\varphi_0=360°$（虚线）时的蜗壳平面单线图，可以看出后者的蜗壳宽度 B_2 和进口断面外缘半径 R_2 都要比前者大的多，因而也增大了厂房的尺寸，所以合理的蜗壳包角 φ_0 应通过方案分析比较确定。

对圆断面的金属蜗壳，由于它过流量较小，蜗壳的外形尺寸对水电站厂房的尺寸和造价影响不大，因此为了获得良好的水力性能一般采用 $\varphi_0=340°\sim350°$，工厂大都采用 $\varphi_0=345°$。

对混凝土蜗壳，由于它过流量较大，为了减小蜗壳的尺寸，一般采用 $\varphi_0=180°\sim270°$，常用 $\varphi_0=180°$，如图 4-29 所示。这种包角的蜗壳有一大部分流量直接由引水管进入导叶，形成了对导水机构的非对称入流，使转轮工作不利，因此将鼻端上游 $\dfrac{1}{4}$ 圆周内的固定导叶加密并作成适合于环流的曲线形状。在某些情况下，为了将水轮机布置在机组段中

图 4-28　不同包角的蜗壳平面尺寸的比较

实线—$\varphi_0=210°$；虚线—$\varphi_0=360°$

间，也有采用 $\varphi_0 = 135°$，如图 3 - 10 的模型水轮机装置图。

3. 蜗壳进口平均流速 V_c

一般均希望将蜗壳进口断面的平均流速选得大一些，这样可以得到较小的蜗壳尺寸，但这却使水力损失增大，因此需要合理地选择进口平均流速。根据已运行的一些水轮机资料统计，推荐使用图 4 - 30 中的曲线，由水轮机的设计水头 H_r 即可查得蜗壳进口断面的平均流速 V_c。一般情况下可采取图上的中间值；对有钢板里衬的混凝土蜗壳和圆断面的金属蜗壳，可取上限；当蜗壳在厂房中的布置不受限制时，也可取下限。

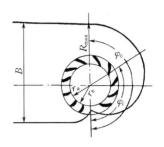

图 4 - 29 $\varphi_0 = 180°$ 混凝土蜗壳固定导叶的布置

三、水流在蜗壳中运动的规律

在蜗壳进口断面的型式和尺寸确定之后，尚需要确定在某一包角 φ_i 处中间断面的尺寸，因此也就需要研究水流在蜗壳中的运动规律。

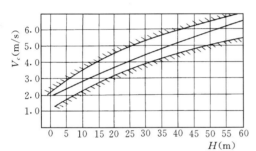

（a）水头小于 60m 时，蜗壳进口断面平均流速曲线

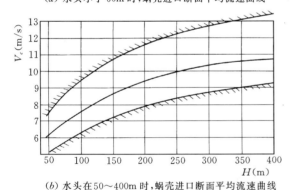

（b）水头在 50～400m 时，蜗壳进口断面平均流速曲线

图 4 - 30 蜗壳进口断面平均流速曲线

水流进入蜗壳以后，便形成了一种旋转流动，使水流在进入座环之前就具有一定的环量，从而使水流平顺地以较小的撞击损失进入固定导叶和活动导叶。水流在蜗壳中的速度可分解为径向分速 V_r 和圆周分速 V_u，如图 4 - 20 所示，在进入座环时，按照均匀轴对称入流的要求，V_r 应为一常数，其值为

$$V_r = \frac{Q_{max}}{\pi D_a b_0} \qquad (4 - 13)$$

对于圆周分速 V_u 的变化规律，应用中有不同的假定：

1. 速度矩 $V_u r = C$（常数）

假定蜗壳中的水流是一种轴对称的有势流动，并忽略水流的黏性与壳壁的摩擦力，这样就可以认为水流除了绕轴的旋转外，没有任何外力作用在水流上并使其能量发生变化。在半径 r 处取一质量为 m 的微小分离体，应用动量矩定律可得

$$\frac{\mathrm{d}(mV_u r)}{\mathrm{d}t} = 0 \qquad (4 - 14)$$

$$mV_u r = C$$

$$V_u r = C \qquad (4 - 15)$$

式（4 - 15）中 C 为一常数，这说明蜗壳中距水轮机轴线半径 r 相同的各点上，水流的圆

周分速 V_u 是相同的，而且 V_u 随着半径 r 的增大而减小，其分布图形，如图 4-20 所示。

2. 圆周分速 $V_u = C$（常数）

此一假定认为蜗壳各断面上的圆周分速 V_u 不变而且都等于蜗壳进口断面的平均流速 V_c。使得在蜗壳尾部的流速较以 $V_u r = C$ 所得出的流速为小，断面尺寸较大，从而减小了水力损失并便于加工制造。

四、蜗壳的水力计算

蜗壳的水力计算就是在上述假定的基础上进行蜗壳各中间断面的计算。计算是在给定的水轮机设计水头 H_r、最大应用流量 Q_{max}、导叶高度 b_0、座环尺寸（D_a、D_b 等）和选择的蜗壳断面形式、最大包角 φ_0、进口平均流速 V_c 的情况下进行的。

按照 $V_u = V_c = C$ 的假定计算蜗壳各断面的尺寸，方法简单，所得出的结果与 $V_u r = C$ 假定所得出的结果也很近似，所以下面仅介绍 $V_u = V_c = C$ 的计算方法。

1. 金属蜗壳的水力计算

1）对于蜗壳进口断面：

断面的面积
$$F_c = \frac{Q_c}{V_c} = \frac{Q_{max}\varphi_0}{360°V_c} \tag{4-16}$$

断面的半径
$$\rho_{max} = \sqrt{\frac{F_c}{\pi}} = \sqrt{\frac{Q_{max}\varphi_0}{360°\pi V_c}} \tag{4-17}$$

从轴中心线到蜗壳外缘的半径：
$$R_{max} = r_a + 2\rho_{max} \tag{4-18}$$

2）对于中间任一断面，设 φ_i 为从蜗壳鼻端起算至计算断面 i 处的包角，则该计算断面处：
$$Q_i = \frac{\varphi_i}{360°}Q_{max} \tag{4-19}$$

$$\rho_i = \sqrt{\frac{Q_{max}\varphi_i}{360°\pi V_c}} \tag{4-20}$$

$$R_i = r_a + 2\rho_i \tag{4-21}$$

由计算结果便可绘制蜗壳平面和断面的单线图，如图 4-31 所示。

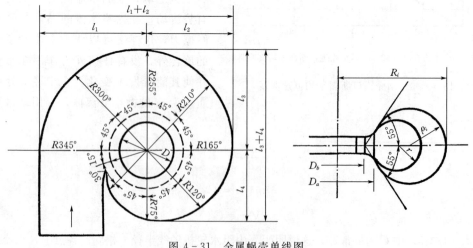

图 4-31　金属蜗壳单线图

2. 混凝土蜗壳的水力计算

混凝土蜗壳的水力计算采用半图解法较为方便，如图 4-32 所示。现将其计算方法及步骤分述如下：

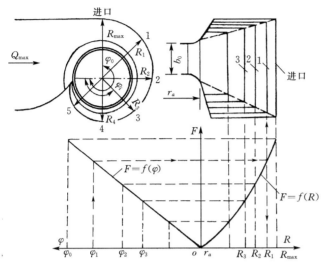

图 4-32　混凝土蜗壳的半图解计算

1）按下式计算蜗壳进口断面的面积：

$$F_c = \frac{Q_{\max}\varphi_0}{360°V_c}$$

2）根据水电站具体情况选择断面型式，并规划进口断面的尺寸使其包括的面积符合上式所求得的 F_c，然后将进口断面画在图 4-32 的右上方。

3）选择顶角点与底角点的变化规律（图 4-32 中采用直线变化规律），以虚线表示，并画出若干个中间断面（如图中的 1、2、3、…断面）。

4）测算出各断面的面积，并在断面图的下面对应地绘出 $F=f(R)$ 的关系曲线。

5）按下列关系式在图 4-32 的左下方并列绘出 $F=f(\varphi)$ 的直线：

$$F_i = \frac{Q_{\max}\varphi_i}{360°V_c} \tag{4-22}$$

6）根据所需要的包角 φ_i，在图 4-32 上便可查得该 φ_i 处蜗壳断面面积 F_i 及其相应的外半径 R_i 和断面尺寸，由此便可绘制出蜗壳断面和平面的单线图，如图 4-32 所示。

第五节　尾水管的型式及其主要尺寸的确定

尾水管是反击式水轮机过流通道的最后部分，其型式和尺寸对转轮出口动能的恢复有很大的影响，而且在很大程度上还影响着厂房基础开挖和下部块体混凝土的尺寸。增大尾水管的尺寸可以提高水轮机的效率，但却使水电站的工程量和投资增大，因此合理地选择尾水管的型式和尺寸在水电站设计中是有很大意义的。

为了达到上述要求，尾水管的型式曾出现过好多种，目前工程上常用的有直锥形、弯锥形和弯肘形三种型式的尾水管，前两种适用于小型水轮机，后一种适用于大中型水轮机。现将它们的形式和各部主要尺寸的选择分述如下。

一、直锥形尾水管

如图 4-33 所示，为一竖轴水轮机的直锥形尾水管，图中 D_3 为尾水管的进口直径，其

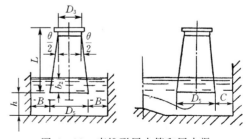

图 4-33　直锥形尾水管和尾水渠

值可取为 $D_3 = D_1 +$ （0.5～1.0） cm；D_5 为尾水管的出口直径，它与出口流速 V_5 有关，当减小 V_5 时可提高动能恢复系数 η_w，但减小到一定程度时，根据试验 η_w 提高的很小，反而会使尾水管的长度 L 增加，所以一般将出口流速控制在 $V_5 =$ （0.235～0.70）$\sqrt{H}$ 之间，$\dfrac{L}{D_3} = 3 \sim 4$ 之间，相应的尾水管锥角 $\theta = 12° \sim 14°$ 之间，在 L 与 θ 值选定之后，则 $D_5 = 2L \operatorname{tg} \dfrac{\theta}{2} + D_3$。

为了保证尾水管排出的水流能够在尾水渠中顺畅流动，尾水渠的尺寸，如图 4-33 所示，应不小于下列数值：

$$h = (1.1 \sim 1.5) D_3 \qquad (4-23)$$
$$B = (1.2 \sim 1.0) D_3 \qquad (4-24)$$
$$C = 0.85 B \qquad (4-25)$$

同时为了保证尾水管的工作，其出口应淹没在下游水位以下，淹没深度 b_2 应不小于 0.3～0.5m。

直锥形尾水管一般用钢板制成，其结构简单性能良好，在各部尺寸选得合宜时，其动能恢复系数可达 0.8～0.85。它仅适用于小型水轮机，因为大中型水轮机如果采用 $\dfrac{L}{D_3} = 3 \sim 4$ 时，会形成很深的开挖，这是很不经济的。

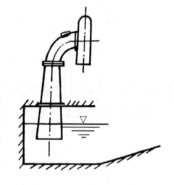

二、弯锥形尾水管

对小型卧轴混流式水轮机，为了布置上的方便多采用弯锥形尾水管，如图 4-34 所示，它是由一等直径的 90°弯管和一直锥管组成。由于弯管中流速较大，同时转弯后流速分布也不均匀，所以水力损失较大。直锥管的尺寸选择和上述情况完全一样，这种尾水管的动能恢复系数一般为 $\eta_w = 0.4 \sim 0.6$。

图 4-34　弯锥形尾水管

三、弯肘形尾水管

对大中型水轮机，为了减小尾水管的开挖深度，均都采用弯肘形尾水管，图 4-35 为一轴流转桨式水轮机的弯肘形尾水管；图 4-36 为一混流式水轮机的弯肘形尾水管。可以看出，弯肘形尾水管是由进口直锥段、肘管和出口扩散段三部分组成，现将各段型式和尺寸的选择分述如下：

1. 进口直锥管

进口直锥管是一垂直的圆锥形扩散管，D_3 为直锥管的进口直径：对混流式水轮机由于直锥管与基础环相连接，可取 D_3 等于转轮出口直径 D_2；对轴流转桨式水轮机直锥管与转轮室里衬相连接，可取 $D_3 = 0.973 D_1$。锥管的单边扩散角 θ 值：对混流式水轮机可取 $\theta = 7° \sim 9°$；对轴流转桨式水轮机可取 $\theta = 8° \sim 10°$。h_3 为直圆锥管的高度，增大 h_3 可以减小肘管的入口流速、以减小水头损失。为了防止旋转水流和涡带脉动压力对管壁的破坏，一般在混凝土内壁作钢板里衬，里衬亦可作为施工时的内模板。

2. 肘管

肘管是一 90°变断面的弯管，其进口为圆断面，出口为矩形断面。水流在肘管中由于转弯受到离心力的作用，使得压力和流速的分布很不均匀，而在转弯后流向水平段时又形

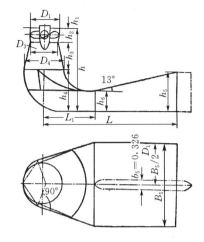

图 4-35　轴流转桨式水轮机尾水管

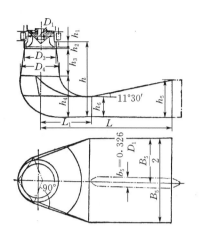

图 4-36　混流式水轮机尾水管

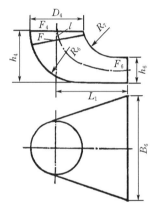

图 4-37　肘管的断面变化

成了扩散，因而在肘管中产生了较大的水力损失。影响这种损失最主要的因素是转弯的曲率半径和肘管的断面变化规律，如图 4-37 所示，曲率半径越小则产生的离心力越大，一般推荐使用的合理半径 $R=(0.6\sim1.0)D_4$，外壁 R_6 用上限，内壁 R_7 用下限。为了减小水流在转弯处的脱流及涡流损失，因此将肘管出口作成收缩断面，并使断面的高度缩小宽度增大，高宽比约为 0.25，肘管进、出口面积比约在 1.3 左右。

由于肘管中水流运动和断面变化的复杂性，肘管各部尺寸很难用理论计算求得，因而也必须经过反复试验才能决定其较好的形式和尺寸。

工程中多采用混凝土浇制成的肘管，为了施工模板制作的方便，它是由许多几何面组成的，如图 4-38 所示。这些几何面是：圆环面 A、斜圆锥面 B、斜平面 C、水平圆柱面 D、垂直圆柱面 E、水平面 F、垂直面 G 和底部水平面 H。

当水头大于 150m 或尾水管中的平均流速大于 6m/s 时，为了防止高速水流的冲刷剥蚀，肘管内需加钢板衬砌，为使钢板便于成形，于是便采用由圆形进口断面经椭圆断面过渡到矩形断面的肘管。

3. 出口扩散段

出口扩散段是一水平放置断面为矩形的扩散管，其出口宽度一般与肘管出口宽度相等；其顶板向上倾斜，仰角 $\alpha=10°\sim13°$，长度 $L_2=L-L_1=(2\sim3)D_1$；其底板呈水平。当出口宽度过大时，可按结构要求加设中间支墩，如图 4-35、图 4-36 所示。

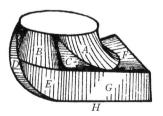

图 4-38　混凝土肘管的组成几何面

4. 尾水管的高度与水平长度

尾水管的总高度 h 和总长度 L 是影响尾水管性能的重要

因素。总高度 h 是由导叶底环平面到尾水管底板之间的垂直高度，由于肘管是尾水管中对能量影响最严重的部分，因而其尺寸应由试验确定并不允许轻易变更，h_1 和 h_2 由转轮结构确定，所以增大尾水管高度时，主要是增大直锥管的高度 h_3。增大尾水管的高度 h，对减小水力损失和提高 η_w 是有利的，特别是对大流量的轴流式水轮机更为显著。对混流式水轮机，尾水管中产生的真空涡带在严重情况下不仅影响机组的运行而且还会延伸到尾水管底板引起机组和厂房的振动，为了改善这一情况也常采取增大尾水管高度 h 的办法。但过分增大尾水管的高度，就会加深厂房的开挖，从而引起工程投资的增加。根据试验一般可作如下的选择：对转桨式水轮机取 $h \geqslant 2.3D_1$，最低不得小于 $2.0D_1$；对低比转速混流式水轮机（$D_1 > D_2$）取 $h \geqslant 2.2D_1$；对高比转速混流式水轮机（$D_1 < D_2$）取 $h \geqslant 2.6D_1$，为了保证机组运行的稳定性最低不得小于 $2.3D_1$。

总长度 L 是指从机组中心到尾水管出口的水平距离，增长 L 会使尾水管出口断面增大，从而可减小出口流速以提高 η_w，但过分增长 L 将会增大水力沿程损失和厂房尺寸，反而不利。因此通常取 $L = (3.5\sim4.5)D_1$。

5. 推荐的尾水管尺寸

混流式和轴流式水轮机尾水管的尺寸，如图 4-35 及图 4-36 所示，一般情况下可按表 4-17 选用。

表 4-17　　　　　　　　　　　　推荐的尾水管尺寸表

h	L	B_5	D_4	h_4	h_6	L_1	h_5	肘管型式	适用范围
2.2	4.5	1.808	1.00	1.10	0.574	0.94	1.30	金属里衬肘管	混流式 $D_1 > D_2$
2.3	4.5	2.420	1.20	1.20	0.600	1.62	1.27	标准混凝土肘管	轴流式
2.6	4.5	2.720	1.35	1.35	0.675	1.82	1.22	标准混凝土肘管	混流式 $D_1 < D_2$

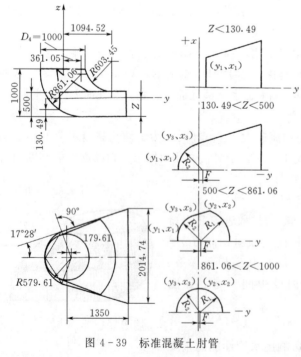

图 4-39　标准混凝土肘管

表 4-17 中的尺寸是对转轮直径 $D_1 = 1m$ 而言的，当直径不为 1m 时，可乘以直径数即得所需尺寸。

表 4-17 中所列的标准混凝土肘管是由前述许多几何面组成的，其型式如图 4-39 所示。图 4-39 中各线性尺寸列于表 4-18，图中和表中所列的数据都是当 $h_4 = D_4 = 1000mm$ 时的数据，应用时可乘以选定的 h_4（或与之相等的 D_4）即可。

6. 尾水管尺寸的变更

在水电站厂房设计中，由于地形、地质的原因和为了使厂房布置得更加紧凑合理，在不过分影响尾水管能量指标的前提下，按照要求允许对所选出的尾水管尺寸作某些可能的变更。工程中常见的变更形式有以下几种，如图 4-40 所示。

1）为了减小厂房基础的岩石开挖，一般不采取减小尾水管的高度 h，而是将尾水管的出口扩散段向上倾斜，其倾斜角可采用 $6°\sim12°$，如图4-40（a）所示。

表 4-18　　　　　　　　　　　　　标准混凝土肘管尺寸表

Z	y_1	x_1	y_2	x_2	y_3	x_3	R_1	R_2	F
50	−71.90	605.200							
100	41.70	569.450							
150	124.56	542.450			94.36	552.89		579.61	79.61
200	190.69	512.720			94.36	552.89		579.61	79.61
250	245.60	479.770			94.36	552.89		579.61	79.61
300	292.12	444.700			94.36	552.89		579.61	79.61
350	331.94	408.130			94.36	552.89		579.61	79.61
400	366.17	370.440			94.36	552.89		579.61	79.61
450	395.57	331.910			94.36	552.89		579.61	79.61
500	420.65	292.720	−732.66	813.12	94.36	552.89	1094.52	579.61	79.61
550	441.86	251.180	−457.96	720.84	99.93	545.79	854.01	571.65	71.65
600	459.48	209.850	−344.72	679.36	105.50	537.70	761.82	563.69	63.69
650	473.74	168.800	−258.78	646.48	111.07	530.10	696.36	555.73	55.73
700	484.81	128.090	−187.07	618.07	116.65	522.51	645.77	547.77	47.77
750	492.81	87.764	−124.36	592.5	122.22	514.92	605.41	539.80	39.80
800	497.84	47.859	−67.85	568.8	127.79	507.32	572.92	531.84	31.84
850	499.94	7.996	−15.75	546.65	133.36	499.73	546.87	523.88	23.88
900	500.00	0	33.40	525.33	138.93	492.13	526.40	515.92	15.92
950	500.00	0	81.50	504.36	144.50	484.54	510.90	507.96	7.96
1000	500.00	0	150.07	476.95	150.07	476.95	500.0	500.00	0

2）对大中型反击式水轮机，由于蜗壳的尺寸很大，厂房机组段的长度在很大程度上取决于蜗壳的宽度，而蜗壳的宽度在机组中心 Y 轴线两边是不对称的（尤其是 $\varphi_0=180°$ 的混凝土蜗壳，这种情况就更为突出），若采用对称的尾水管，则有可能增大机组段的长度。为了改善这种情况，因此对尾水管往往也采取不对称的布置，使其向蜗壳进口边偏移，如图 4-40（b）所示，偏移后的肘管平面图如图 4-41 中的虚线所示。

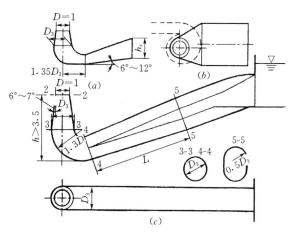

图 4-40　尾水管的变更形式

3）在地下式水电站中，为了保持岩石的稳定，尾水管常采用窄而深的断面，例如采用 $h=3.5D_1$，$B_5=(1.5\sim2.0)D_1$ 时，试验证明并不致影响其动能恢复系数，也不会导致尾水管投资的增大。

如图 4-40（c）所示，为某一地下式水电站厂房的尾水管，图中尾水管的高度 $h>$

$3.5D_1$；肘管采用圆形断面并保持不变；扩散段向上倾斜（可达 $30°$），其断面由圆形过渡到椭圆，但宽度不变，到 5—5 断面以后则形成一断面不变的压力水管，一直到接近出口时才变为矩形断面。这种型式的尾水管是采用增大其高度和加长扩散段来满足能量的回收。

　　4）对于修建在多泥沙河流上的水电站，为了便于水轮机转轮的频繁检修，有时采用将尾水管直锥段加高，并在中间设一活节，如图 4-42 所示。当检修时先移开活节，可将转轮从下部取出，而不必起吊上面的设备和部件。

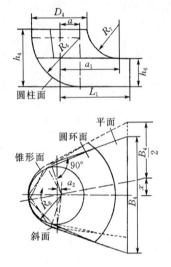

图 4-41　尾水管肘管的偏移

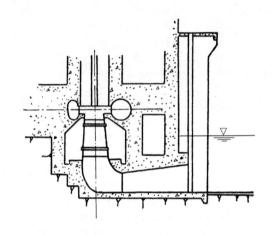

图 4-42　尾水管直锥管上的活节

第五章 水轮机的调速设备

第一节 水轮机调节的基本概念

一、水轮机调节的任务

水电站在向电力系统供电的过程中，除了保证供电的安全可靠而外还应保证电压和频率的稳定。由于用户负荷的变化使系统供电的电压和频率亦随之发生变化，此时发电机的电压调整系统便自动调节使其电压恢复到额定值或保持在许可范围以内，而频率的调节则由水轮机的调速器来完成。

电力系统中，由于负荷的变化而引起的频率过大变化，将会严重影响供电质量，使电力用户的产品质量下降和正常生产遭受破坏，所以在化工、冶金、国防、科学试验和医疗等单位，对供电频率的精度要求很高。因此，我国规定电力系统的频率应保持为50Hz，其偏差值应不超过±0.5Hz；对大电力系统，其偏差值则不应超过±0.2Hz。这样就要求系统中所有承担负荷的机组，在系统负荷变化时，能迅速改变其输入功率使之适应于外界负荷的需要，并同时使电力系统的频率恢复和保持在上述允许范围以内。

发电机输出电流的频率是与其磁极对数 p 和转速 n 有关。对一定的发电机来说，其磁极对数是固定不变的，因此要求调节发电机电流频率就需要调节机组、也就是水轮机的转速。

所以，水轮机调节的任务是迅速改变机组出力使之适应于外界负荷的变化，以保证机组的转速即供电频率恢复或保持在允许范围以内，并在机组之间进行负荷分配达到经济合理的运行。

二、机组调节的途径

水轮机通过什么途径来完成上述调节任务呢？这就首先需要分析机组运动的情况。水轮发电机组的运动方程式为

$$M_t - M_g = J \frac{\mathrm{d}\omega}{\mathrm{d}t} \tag{5-1}$$

式中　M_t——水轮机的主动力矩；

　　　M_g——发电机的阻抗力矩；

　　　J——机组转动部分的惯性矩；

　　　ω——机组转动的角速度，$\omega = \frac{\pi n}{30}$；

　　　$\frac{\mathrm{d}\omega}{\mathrm{d}t}$——机组角加速度；

　　　t——时间。

水轮机的主动力矩 M_t 是由水流对水轮机叶片的作用力形成的，它推动机组转动。发电机的阻抗力矩 M_g 是发电机定子对转子的作用力矩，它的方向与机组转动的方向和 M_t 的方向相反，它代表发电机的有功功率输出。

对一定的机组来说 J 为一常数,当机组稳定工作时,$M_t = M_g$,$\dfrac{d\omega}{dt} = 0$,$\omega =$ 常数,机组的转速保持为额定转速不变。

当电力系统负荷变化时,首先使发电机的阻抗力矩 M_g 发生变化,这样便破坏了原有的平衡,出现了下列两种不平衡情况:

1)机组减小负荷,M_g 减小,使 $M_t > M_g$,则机组出现了剩余能量,使机组加速旋转,$\dfrac{d\omega}{dt} > 0$,形成机组转速上升。

2)机组增加负荷,M_g 增大,使 $M_t < M_g$,则机组出现了不足能量,使机组减速旋转,$\dfrac{d\omega}{dt} < 0$,形成机组转速下降。

上述两种情况都会形成机组的转速变化而导致电网频率的变化。对电网来说,在正常情况下用户的负荷是必须保证的,因此对水电厂来说就要求改变水轮机的主动力矩 M_t,使之迅速地适应于新的发电机阻抗力矩 M_g,重新使 $M_t = M_g$ 达到新的平衡,使转速恢复到原来的额定转速,频率亦恢复到额定频率。

而水轮机主动力矩 M_t 的关系式为

$$M_t = \frac{\gamma Q H \eta}{\omega} \qquad\qquad (5-2)$$

式中水的重度 γ 为常数,角速度 ω 是力求不变的;改变效率 η 显然是不经济的;改变水轮机的工作水头 H,对水电站来说是很难做到的而且也是不经济的。因此,改变 M_t 最好和最有效的办法是通过改变水轮机的过水流量 Q 来实现。进行水轮机的流量调节在技术上是很容易做到的:对反击式水轮机可通过改变导叶的开度;对冲击式水轮机可通过改变针阀的行程,来改变过流断面积以达到改变流量改变 M_t 的目的。

因此,随着机组负荷的变化,水轮机相应地改变导叶开度(或针阀行程)使机组转速恢复并保持为额定值或某一预定值的过程称为水轮机调节,所以水轮机调节实质上也就是转速调节。进行这种调节的装置称为水轮机的调速器,它是以机组转速的偏差为依据来实现导叶开度的调节,它与其他调速设备相比较具有以下特点:

1)在大中型水电站中,高压而大量的水流通过水轮机的导叶,要改变导叶的开度就必须给导水机构以强大的操作功。这就要求水轮机的调速器必须有多级的放大元件和强大的外来能源。

2)在导叶关闭和开启的过程中,压力水管中同时产生了水击压力,导致剩余能量或不足能量的增大,这将引起机组转速的过大变化。因而要求调速器必须附设有关的机构,使以较慢的速度来改变导叶的开度,以控制过大的水击压力变化。对水斗式水轮机,在机组丢弃全部负荷时,则要求迅速地改变折流板的位置,接着较慢的关闭针阀。

3)水轮发电机组具有启动快和迅速适应负荷变化的特点,因此它宜于在电力系统的峰荷工作,并能作为电力系统的事故备用和担任调频任务。大中型水轮机的调速器都是自动控制和操作的,由此自动调速器可以保证机组快速起动、快速调整负荷并能在发生事故时紧急停机。

4)对于轴流转桨式水轮机,则要求调速器在调节导叶开度的同时也能够调节转轮叶片的转角;同样,对水斗式水轮机,在调节针阀行程的同时,也能够调节折流板的转动,以进行双重调节。

第二节 调节系统的特性

当机组负荷变化时，首先转速产生偏差，接着调速器动作改变导叶开度（或针阀行程），逐步使水轮机的出力与发电机的负荷达到新的平衡，使转速得到恢复，这一过程称为调节系统的过渡过程。在这个过程中导叶的开度、水轮机的出力和转速都是随时间变化的，所以调节系统的工作归纳起有两种工作状态：一种是调节前后的稳定状态；另一种是从调节开始到终了的过渡过程。对前一种状态可以用调节系统的静特性来描述，对后一种状态用动特性来描述，现分述如下。

一、调速系统的静特性

调速系统的静特性是指导叶开度一定时，调速器在稳定状态下，机组转速与机组所带负荷之间的关系，这种关系可以用图线表示，如图 5-1 所示。

在图 5-1（a）中，机组转速 n 与负荷 N 之间的关系为一与横轴平行的直线，这表示不管负荷如何变化，在调节前后，机组转速均保持为额定转速 n_0 不变，这种调节称为无差调节。对单机运行的机组才有可能采取这种无差调节的运行方式。

但对并列运行的机组，若采用无差调节时，由于各机组调速器的灵敏度不

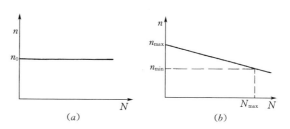

图 5-1 调节系统的静特性

可能都完全一样，于是当机组负荷变化时，各机组反映先后和动作快慢也不一样，不但不能按照要求进行负荷分配，而且使机组间发生了负荷窜动现象，导水机构的动作便不会稳定下来，机组也因之无法稳定运行。

水电站在向电力系统供电的过程中，用户要求供电的频率只要保持在规定范围以内即可，因此可以允许机组转速在稳定前后有一定的偏差。为了解决上述问题，便可采取使静特性线有一定的倾斜度，如图 5-1（b）所示，使机组在不同负荷时对应有不同的转速，也就是说机组从一种稳定状态经过调节过渡到另一种新的稳定状态时，机组的转速是不同的，是与原来的转速有差别的，这种调节称为有差调节。机组转速随负荷增减而变化的程度称为有差调节的调差率，用 e_p 表示，e_p 的表达式为

$$e_p = \frac{n_{max} - n_{min}}{n_0} \times 100\% \tag{5-3}$$

式中 n_{max}——机组最大的稳定转速，它相应于空载工况；

$\quad\quad n_{min}$——机组最小的稳定转速，它相应于最大负荷工况；

$\quad\quad n_0$——机组额定转速。

在实际运行中，一般采用 $e_p = 0 \sim 8\%$，当 $e_p = 0$ 时，即为无差调节。

按照这种有差静特性斜线进行调节时，便可使在电力系统中并列运行的机组不仅保持同步运行，并可在机组间按照调度要求明确地进行负荷分配。

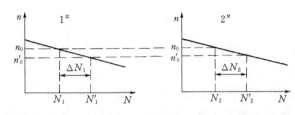

图 5-2 两台调差率相同并列运行机组间的负荷分配

如图 5-2 所示，有两台机组（1#机与 2#机）并列运行，它们有差调节的调差率都大于零而且是相同的，即 $e_{p1}=e_{p2}>0$，也就是说它们的静特性直线具有相同的斜率。

当两机组以额定转速 n_0 同步并列运行时，它们的负荷分别为 N_1、N_2。在外界负荷增加 ΔN_c 并经过调节之后，两机组以新的平衡转速 n_0' 运行时负荷分别为 N_1'、N_2'，各增加了负荷 ΔN_1、ΔN_2，则此时 $\Delta N_1=\Delta N_2$ 并满足 $\Delta N_1+\Delta N_2=\Delta N_c$。

所以，当各机组以相同而且大于零的调差率并列运行时，就必须以等负荷分配方式工作，否则就不能满足以相同转速同步并列运行的条件。

若希望两台机组之间以不同负荷分配方式工作时，如希望 1# 机承担的系统负荷变化量少一些，2# 机多一些，则可将 1# 机的静特性调差率 e_{p1} 调得大于 2# 机的调差率 e_{p2}，如图 5-3 所示。在系统负荷增加了 ΔN_c 并经过调节之后，两机组以新的平衡转速 n_0' 同步稳定工作时 $\Delta N_1<\Delta N_2$，并满足 $\Delta N_1+\Delta N_2=\Delta N_c$。

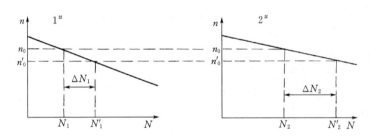

图 5-3 两台不同调差率并列运行机组间的负荷分配

二、调节系统的动特性

调节系统的动特性主要是指在调节过程中机组转速随时间变化的关系，它常以 $n=f(t)$ 的动特性曲线来表示。

当外界负荷变化时，笨重的导水机构不可能突然动作来改变水轮机的主动力矩以适应新的发电机阻抗力矩，因此需要有一个滞后时间，而在此时间内机组的转速已产生了较大的变化；又在具有较长压力引水管道的水电站中，水流的惯性力较大，导叶启闭所引起的水击压力会抵消部分导水机构的调节作用，因而也会引起调节动作的滞后和转速的较大变化。当这种滞后时间过大时，调节系统就很难稳定，再加上调速器中放大、反馈、校正及自动操作与控制等机构的复杂性，所以水轮机的调节系统相对地来说是不易稳定的。由此在调节过程中，机组转速随时间变化的过渡过程可能出现各种情况，如图 5-4 所示。

在图 5-4 (a)、(b) 中，转速经过调节不能恢复到稳定状态，故称为不稳定过渡过程；在图 5-4 (c)、(d)、(e)、(f) 中，转速经调节由衰减达到稳定状态，称为稳定过渡过程，其中图 5-4 (c)、(d) 表示在调节终了之后，转速恢复到原来的平衡转速，为无差调节过渡过程，图 5-4 (e)、(f) 表示在调节终了之后，调节系统使转速保持为另一平衡转速，为有差调节过渡过程。电力系统要求在任何负荷变化的情况下，机组转速都必须达到稳定状态，因此在调速器的设计、制造、安装和调试中都要注意实现稳定的过渡过程。

调整后的转速过渡过程除了满足上述稳定的要求而外，还应满足对过渡过程的动态品质要求。过渡过程的动态品质常用一些指标来衡量，如图 5-5 所示，其中图（a）为无差调节过渡过程；图（b）为有差调节过渡过程。一般常用的指标有下列三种：

1）转速的超调量 σ_p：对无差调节通常是以转速第一负波值占最大偏差值的百分数来表示，即

$$\sigma_p = \frac{\Delta n_1}{\Delta n_{max}} \times 100\%$$

对于有差调节，通常是以最大转速偏差值占转速给定变化幅值 $\Delta n_0 = n'_0 - n_0$ 的百分数来表示，即

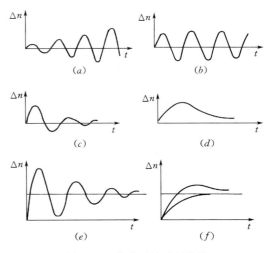

图 5-4　各种过渡过程曲线

（a）发散振荡；（b）等幅振荡；（c）衰减振荡（无差）；（d）非周期衰减（无差）；（e）衰减振荡（有差）；（f）非周期衰减（有差）

$$\sigma_p = \frac{\Delta n_{max}}{\Delta n_0} \times 100\%$$

一般要求 $\sigma_p < 0.2 \sim 0.3$。

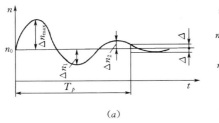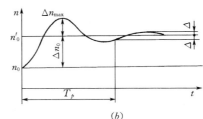

图 5-5　过渡过程的品质指标

2）调节时间 T_p：是从转速开始变化到转速重新稳定的时间。理论上应达到转速振荡消失的稳定状态，但这需要很长时间，所以一般采用当转速恢复的偏差值不再大于某一 Δ 值时，即为计算时间的终点。Δ 值对大型调速器取 $0.2\% n_0$，其他调速器取 $0.4\% n_0$。通常希望调节时间较短，如 T_p 小于十几秒至几十秒，视机组参数而不同。

3）振荡次数 X：即波动的周期数，通常在调节时间 T_p 内，要求振荡的次数 X 不超过 $1 \sim 2$ 周期。

第三节　水轮机调速器的基本工作原理

一、水轮机调节系统的组成

水电站在电力系统中所担任的负荷往往是在不断地变化，尤其在峰荷工作时这种变化

就更加频繁，因此水轮机调节也要不断地进行，所以水轮机调速器的主要作用是以机组负荷变化时的转速偏差为依据来迅速自动地调节导叶开度以达到改变出力恢复转速的目的。但是要以微弱的转速偏差信号去推动笨重的导水机构那是不行的，为了达到上述目的，调节系统就必须具有测量、放大、执行及反馈等组成的机构。

水轮机的机械液压型调速器是以压力油作为外界能源，以机械机构进行控制与操作的。它以离心摆作为测量机构；放大机构是采用引导阀和辅助接力器、主配压阀和主接力器组成的两级放大机构；以主接力器作为执行机构来控制导叶的开度；反馈机构采用缓冲器和杠杆系统；此外还设置了调差机构和转速调整机构以便使调速器能够进行有差调节和负荷调整。它们之间的关系可以方块图 5-6 表示。

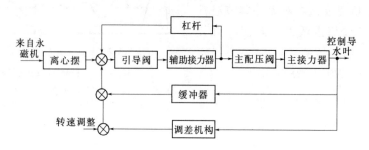

图 5-6　机械液压型调速器方块图

二、水轮机调节系统的工作原理

为了比较清楚地说明调速器的工作原理，现以机械液压型调速器的调节系统原理简图（图 5-7）来说明上述各个机构及整个调节系统的工作原理。

1. 离心摆

离心摆是测量机组转速偏差并把偏差信号转变为位移信号的机构。它有两个重块 1 并通过钢带 2 上部与转轴 3 连接，下部与滑块 4 连接。转轴的转动是由它顶部的感应电动机拖动的，电动机的电源是由发电机顶部的永磁机供给的，电源电流的频率反映了机组的转速，所以离心摆的转速变化便随机组转速按比例变化，代表着机组的转速变化。当机组以稳定转速工作时，飞摆亦稳定在某一中间位置，当机组丢弃负荷或增加负荷时，则离心摆就转动的快或慢，使离心摆的离心力增大或减小，因而通过钢带 2 带动滑块 4 上移或下移。因此滑块的位移即为离心摆的输出信号，其位移的大小即代表了机组转速的偏差值。

2. 引导阀

引导阀是把离心摆的位移变化转换为油压变化的机构。它是由连接在滑块 4 上的转动套 5 及其中的针阀 6 组成的。在转动套上开有三排油孔：上排孔口 A 与压力油接通；下排孔口 C 与排油接通；中间孔口 B 通过油管与辅助接力器的上腔接通。针阀有上、下两个阀盘，当针阀在相对中间位置时，正好堵住转动套的上、下两排孔口，此时中间油管中将有某一油压。转动套不仅可以随离心摆转动，而且还可随滑块上下移动；当转动套上移至较高位置时，上排孔口封闭，下排孔口打开并使中间孔口和油管通过 B 孔排油；反之，当转动套下移至较低位置时，下排孔口封闭，上排孔口打开并使中间孔口和油管与压力油接通。由此便形成了辅助接力器上腔油压的变化，这种变化即是引导阀的输出信号。

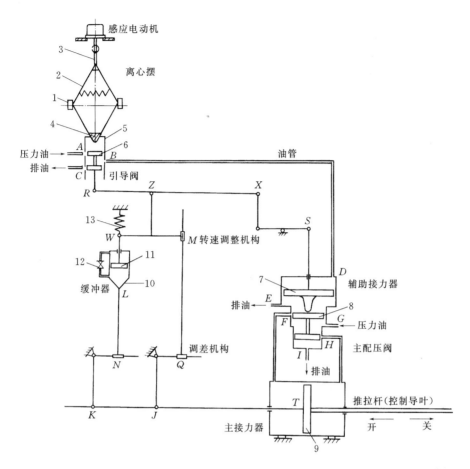

图 5-7 机械液压型调速器调节系统原理简图

1—重块；2—钢带；3—转轴；4—滑块；5—转动套；6—针阀；7—差动活塞；8—阀体；
9—活塞；10—缓冲杯；11—活塞；12—节流阀；13—弹簧

3. 辅助接力器与主配压阀

辅助接力器的衬套中有一差动活塞 7，它下面 E 孔处接通排油，压力为零。上面作用有从引导阀引来的某一油压，因而有一个向下的作用力 P_f。

在主配压阀的衬套中，有一阀体 8，它上、下有两个直径不同的阀盘，上面大，下面小。两盘之间通有压力油，它对上、下两盘均有方向相反的推力，由于上盘面积大而衬套底部又接通排油（I 孔口处），所以使阀体总保持有一个向上的作用力 P_z，使阀体 8 与差动活塞 7 紧密地联接在一起，它们的上下移动便取决于 P_f 与 P_z 的对比：当 $P_f = P_z$ 时不动；当 $P_f < P_z$ 时上移；当 $P_f > P_z$ 时则下移。

主配压阀的中间油孔 G 与压力油相通，衬套的上下两油孔 F、H 以油管各与主接力器活塞两侧的油缸相通。当主配压阀阀体在中间位置时，上、下两阀盘正好堵住 F、H 两油孔，此时主接力器活塞不动。

这样辅助接力器便把引导阀的位移借助油压扩大为较大的作用力，但这还不足以推动导水机构，因此主配压阀还需要与主接力器配合形成第二级放大机构。

4. 主接力器

主接力器（简称接力器）是由油缸和其中的活塞 9 与活塞杆（即推拉杆）组成，由于活塞面积较大，在油压作用下它具有很大的操作力。当主配压阀阀体上移时，孔口 F 接通压力油，并通过油管将压力油送至主接力器的左腔，推动活塞向右移动并带动活塞杆去关闭导叶，同时活塞 9 右腔的油通过油管从油孔 I 排出。当主配压阀阀体下移时，油孔 H 接通压力油，使活塞及活塞杆向左移动去开启导叶。所以主接力器活塞向右或向左移动则使水轮机导叶关闭或开启，以减小或增大水轮机的过水流量。

5. 反馈机构

当主接力器活塞移动改变流量使水轮机的主动力矩 M_t 与发电机新的阻抗力矩 M_g 相平衡时，为了防止过调现象并保持调节后的稳定性，则必须设置反馈机构使调节迅速停止并恢复正常运行状态。这种反馈机构有以杠杆系统组成的局部反馈机构和以缓冲器为主的软反馈机构。

1) 局部反馈机构：局部反馈机构是利用杠杆系统将辅助接力器活塞的位移返送回引导阀的针阀。当机组减小负荷时，离心摆转速升高，转动套上升并接通排油孔 C 排油，辅助接力器活塞与主配压阀阀体上移打开油孔 F 的同时，杠杆系统 S—X—Z—R 动作，使针阀 6 上移，并恢复到与转动套的相对中间位置，封堵排油孔 C 停止排油，使辅助接力器活塞与主配压阀阀体停止上移。但这时主配压阀的油孔 F 仍然开着，压力油仍然推动主接力器活塞继续向右移动，关闭导叶的动作还不能停止。在机组出力与负荷相平衡时，主接力器尚不能相应地稳定下来，因此尚需要另一套软反馈机构来完成这一任务，进行第二级放大机构的反馈。

这种反馈机构仅形成了第一级放大机构的反馈，所以称为局部反馈机构，又因它是由杠杆系统完成的，所以也称为硬反馈机构。

2) 软反馈机构：软反馈机构的主要部件是缓冲器，它是由缓冲杯 10 及其中的活塞 11、节流阀 12、弹簧 13 等组成。缓冲杯内活塞上下腔都充满着油，它的下部通过杠杆系统 T—K—N—L 与主接力器活塞 9 连接。在机组正常稳定运行时，活塞 11 处于中间位置，当主接力器活塞向右或向左移动时，通过杠杆系统使缓冲杯上升或下降，则活塞下腔的油压上升或降低。由于油不可压缩，而且瞬时又来不及通过节流阀微小孔口平压，于是活塞 11 便上升或下降，使弹簧 13 压缩或伸张，并且把位移信号通过杠杆送回到引导阀的针阀上去，从而使辅助接力器活塞和主配压阀阀体恢复到中间位置，封住主配压阀油孔，主接力器活塞 9 便停止移动。随后，由于油慢慢通过节流阀孔口平压，弹簧逐渐恢复，使活塞 11 也慢慢恢复到中间位置。活塞 11 上移或下移 1mm 再回到中间位置所用的时间称为缓冲器的恢复时间，它可通过调节节流阀 12 孔口的过流面积来调节其长短，杠杆的传动比可通过调节滑块 N 的位置来实现，由此调节节流阀孔口和滑块 N 的位置便可改善调节过程中的动态品质和保证调节系统的稳定。

由于通过缓冲器输送出去的信号与输入信号的速度相比有所衰减，所以把这种反馈叫作软反馈；又这种反馈的位移可以得到恢复，所以这种软反馈也称为暂态反馈机构。

在了解了上述各个机构的作用和动作原理之后，下面将整个调节系统的动作过程连贯起来说明如下：

设机组单独运行而且突然发生减小负荷，此时机组转速突然升高，通过永磁机和感应电动机使离心摆的转速亦随之升高，转动套 5 上移，B、C 油孔接通排油，辅助接力器活塞上部油压降低，$P_f < P_z$，辅助接力器活塞 7 和主配压阀阀体 8 一起上升。

在主配压阀阀体上移时，F 孔接通压力油并通过油管送至主接力器活塞 9 左侧，右侧与 I 孔接通排油，于是主接力器活塞向右移动，带动活塞杆去操作导水机构，使导叶开始关闭，水轮机的主动力矩减小，使转速向额定转速恢复。

在辅助接力器活塞上移的同时，通过局部反馈杠杆系统（$S—X—Z—R$）的动作，针阀 6 上移，使引导阀停止排油，辅助接力器活塞与主配压阀阀体停止上移。但此时油口 F 还在开着，压力油使主接力器活塞还在继续向右移动。

当主接力器活塞向右移动的同时便带动杠杆系统 $T—K—N—L$ 一起动作，使缓冲杯上移，活塞 11 因下部油压增大也随之上移，弹簧 13 被压缩，并通过杠杆系统 $W—Z—R$ 使针阀 6 又上移，打开转动套的上排油孔，使 A、B 油孔接通，压力油便通过油管使辅助接力器活塞与主配压阀阀体一起下移，并逐渐恢复到中间位置，封住 F、H 油孔，主接力器活塞则停止向右移动。

最后使机组的主动力矩 M_t 逐渐与新的阻抗力矩 M_g 相平衡，转速也逐步出现减速而恢复到额定转速，辅助接力器活塞与主配压阀阀体处于中间位置，缓冲器活塞恢复到中间位置。随着机组转速的回降，在转动套下移的同时，引导阀的针阀 6 受弹簧 13 等的作用下，也逐渐恢复到与原来转动套相对的中间位置。此时主接力器活塞停留在某一新的位置，调节系统便达到新的平衡稳定状态。

当机组增加负荷时，转速下降，调节系统的工作过程和上述情况一样，只是各机构的动作方向相反，此处不再赘述。

上述调节过程是属于单机运行时无差调节的情况，但对于在电力系统中并列运行的机组，则需要采用有差调节，以能使各机组稳定运行（不发生负荷窜动）并在机组间合理地分配负荷。因此调速器还设有调差机构和转速调整机构。

6. 调差机构

调差机构是由杠杆系统 $T—J—Q—M—Z—R$ 组成。当滑块 Q 在中间某一位置时，关闭导叶的最终开度越小，杠杆的位移越大，则 R 点上升亦越高，促使引导阀中的针阀上移，A、B 油孔接通，导致辅助接力器活塞和主配压阀阀体下移而开启导叶，使水轮机的主动力矩有某些增加，转速亦有某些上升。经过调节在调节系统达到新的平衡时，但 R 点因上述杠杆系统而形成的位移却不能恢复而保持在比原来较高的位置上，引导阀也稳定在较高的位置上，故新的平衡转速比原来的稳定转速高。

这种调差机构也是由杠杆系统组成的一种硬反馈机构，但调节终了引导阀不能恢复到原来的位置，因而稳定转速发生了变化，所以这种反馈又称为永态反馈。机组稳定转速便随着所带负荷的大小而变化，如当机组负荷由 N_0 减小到 N_1 时，调节过程结束后，机组稳定转速由 n_0 便提高到 n_1，如图 5-8（a）所示。由于杠杆传递位移的变化是成比例的，故所得到的出力 N 与稳定转速 n 的关系为一倾斜的直线。

有差调节调差率 e_p 的改变，可通过调节滑块 Q 的位置改变杠杆系统的传动比来实现。当滑块移向左边和铰点重合时，则 $e_p = 0$，属无差调节；当滑块 Q 向右移动时，则 e_p 增

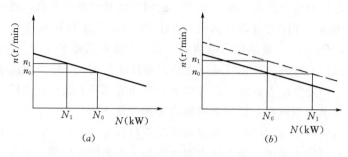

图 5-8　调速器的有差调节

大，属有差调节。

7. 转速调整机构

转速调整机构主要是调整滑块 M 的位置使之上移或下移，在整个调节过程完成之后使 R 点在上述调差的基础上保持比原来较高或较低的位置，因而使调节系统的有差静特性线向上或向下平行移动，如图 5-8 (b) 中的虚线所示。

这种转速调整机构对有差静特性线的平移，可以使单机运行的机组在负荷不变的情况下改变其转速，或使并列运行的机组在保持转速不变的情况下改变其负荷，如图 5-8 (b) 所示。

第四节　调速器的类型与系列

一、调速器的类型

调速器是水电站机组自动化的关键设备之一，按照调速器在结构及工作上的特点，可分为以下几类：

（1）按调速器元件结构的不同，可分为机械液压型调速器（简称机调）和电气液压型调速器（简称电调）。

上节所论述的即是机械液压型调速器，它是用离心摆获得转速偏差的信息，以液压放大系统进行功率放大后来操作导叶的启闭，并以缓冲机构和调差机构来实现所需要的调节规律。因此，它的性能可以满足水电站运行的要求，同时还具有运行可靠、维护方便、简单易懂便于运行人员所掌握等优点。但由于机械机构进行信号的传递、变换和综合就显得灵敏度差、精度低，这给调节过程的品质造成了不良的影响，特别是随着生产的发展，对电力系统频率的要求更为严格，随着大机组大容量电力系统的出现，对水电站运行质量和自动化程度提出更高和更新要求的情况下，这些缺点就显得更为突出。

对信息的传递、变换和综合，应用电气回路是很方便的，因此在 40 年代已经开始研制电气液压型调速器，随着电子技术的发展，电气液压型调速器也经历了电子管、晶体管和集成电路三个阶段，目前我国新建的大中型水电站上已开始应用集成电路的电气液压型调速器。它主要的特点是用一些电气回路代替了机械液压型调速器中的一些机械元件，如测量元件采用测频回路；反馈元件采用微分回路；调差机构和转速调整机构也采用了调差回路和功率给定回路，杠杆系统采用位移传感器等。它保留了原来机械液压型调速器的液

116

压放大部分，在电气部分和液压部分之间采用了电液转换器，以便把电气部分输出的综合电气信号转换成具有一定位移量和操作能力的机械信号，去进行导叶的操作。它们之间的关系如方块图5－9所示。

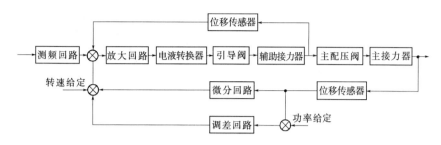

图5－9　电气液压型调速器方块图

电气液压型调速器和机械液压型调速器相比有很多优点：它的调节性能优良、具有较高的灵敏度和精确度；容易实现各种参数（如水头、流量、出力等）的综合；成本较低而且便于安装和调整等。它存在的问题主要是一些晶体管元器件质量尚不够满意，容易老化并可能出现零点飘移和容易受外界干扰等。

（2）按调速器调节机构数目的不同，可分为单一调节调速器（简称单调）和双重调节调速器（简称双调）。

上节所论述的调速器即为单一调节调速器，它只有一个导叶启闭的调节机构，这种调速器仅适用于混流式水轮机和轴流定桨式水轮机。对于转桨式水轮机和水斗式水轮机的调速器都具有两个调节机构以进行双重调节：对转桨式水轮机的调速器，其主要调节机构为导叶的调节机构，它在调节导叶开度的同时，通过协联装置可带动另一调节机构去调节叶片的转角，如图5－10（a）所示；对水斗式水轮机，它的主要调节机构为针阀的调节机构，它在调节针阀行程的同时，亦通过协联装置去带动另一调节机构去调节折流板（即偏流器）的转动，如图5－10（b）所示。当在长压力引水道的混流式水轮机上具有空放阀时，也采用这种双重调节调速器，如图5－10（c）所示。其中使用最多的，还是转桨式水轮机上的双重调节调速器。

（3）按调速器工作容量的大小不同，又可分为大、中、小型调速器。

主配压阀活塞直径在80mm以上的称为大型调速器；操作功在10000～30000N·m之间的称为中型调速器；操作功在10000N·m以下的称为小型调速器，其中调速功在3000N·m以下的又称为特小型调速器。

二、调速器的系列

我国生产的调速器有各种型号，1978年第一机械工业部和水利电力部提出了反击式水轮机调速器的系列型谱，见表5－1。

表中型号由三部分组成，各部分用短横线分开。

第一部分为调速器的基本特性和类型，采用汉语拼音的第一个字母表示：大型（无代号），中、小型带油压装置（Y），特小型（T）；机械液压型（无代号），电气液压型（D）；单调（无代号），双调（S）；调速器（T），通流式（T）。

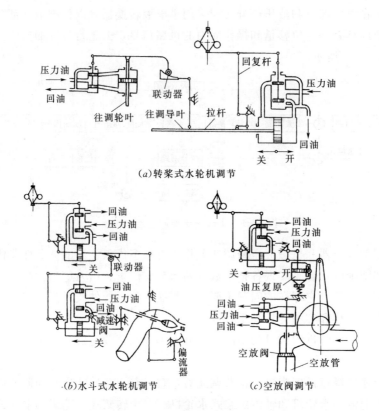

（a）转桨式水轮机调节

（b）水斗式水轮机调节

（c）空放阀调节

图 5-10 水轮机双重调节示意图

表 5-1 反击式水轮机调速器系列型谱

型 式 系 列 类 型		压 力 油 箱 式			通 流 式
		大 型	中 型	小 型	特 小 型
单调节调速器	机械液压式	T—100	YT—1800 YT—3000	YT—300 YT—600 YT—1000	TT—35 TT—75 TT—150 TT—300
	电气液压式	DT—80 DT—100 DT—150	YDT—1800 YDT—3000		
双调节调速器	机械液压式	ST—100 ST—150			
	电气液压式	DST—80 DST—100 DST—150 DST—200			

第二部分为调速器工作容量，用阿拉伯数字表示：对中小型调速器是指主接力器的工作容量（9.81N·m），对大型调速器是指主配压阀直径（mm）；字母 A、B、C、D、…表示改型次数的标记。

第三部分为调速器的额定油压，也用阿拉伯数字表示：对额定油压为 25×10^5 Pa（2.5MPa）及其以下者不加表示，而对额定油压较高者则用其油压数值表示。

型号示例：

1）YT—3000：表示中型带油压装置的机械液压型调速器，额定油压为 25×10^5 Pa，其接力器的工作容量为 3000×9.81 N·m。

2）DST—100A—40：表示大型电气液压双调节型调速器，主配压阀直径为100mm，经第一次改型后的产品，额定工作油压为 40×10^5 Pa（4.0MPa）。

第五节 调速系统的油压装置

一、油压装置的组成及其工作原理

油压装置是供给调速器压力油能源的设备，也是水轮机调速系统的重要设备之一。随着调速器自动化程度的提高，要求油压装置在保证工作可靠的基础上也须具有较高的自动化水平。为此，通常每台机组都有它单独的调速器和与之相配合的油压装置，它们中间以油管路相通。

中小型调速器的油压装置与调速柜组成一个整体（图5-13），在布置安装和运行上都较方便。大型调速器的油压装置，由于其尺寸较大，是单独分开设置的。

油压装置是由压力油罐、回油箱、油泵机组及其附件组成。压力油罐是油压装置能量储存和供应的主要部件，它的作用是供给调速系统保持一定压能的压力油；回油箱是用作收集调速器的回油和漏油；油泵机组用作向压力油罐输送压力油。下面结合图5-11来介

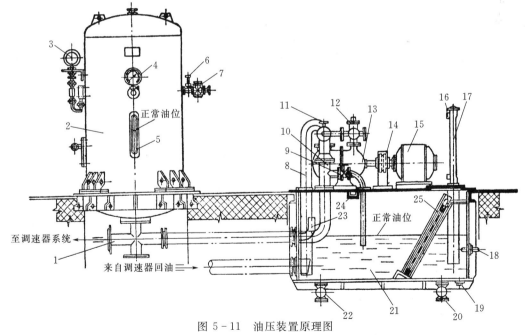

图 5-11　油压装置原理图

1—三通管；2—压力油箱；3—压力信号器；4—压力表；5—油位表；6—球阀；7—空气阀；8—吸油管；
9—球阀；10—三通管；11—球阀；12—安全阀；13—螺旋油泵；14—弹性联轴节；15—电动机；
16—限位开关；17—油位指示器；18—电阻温度计；19—螺塞；20、22—球阀；21—回油箱；
23—漏油管；24—安全阀；25—油过滤器

绍油压装置的结构、工作原理及其工作过程：

1. 回油箱、油泵机组及其附件

回油箱 21 为一钢板焊接的油箱，油泵 13 采用螺旋油泵，油泵是由电动机 15 经联轴器 14 驱动的，箱内的油经吸油管 8 被螺旋泵吸入后经安全阀 12、止回阀（在安全阀内）、三通管 1 输入压力油罐内。

螺旋油泵机组并列设有两台，一台工作一台备用，均都装置在回油箱顶面上。此外还有浮子油位指示器 17 用来测量回油箱的油位，并在油位达到最低油位时发信号；电阻温度计 18 用来测量回油箱的油温与发信号；螺塞 19 为取油样的孔口；球阀 20、22 为进油和放油用；漏油管 23 用作排回调速系统的漏油。

2. 压力油罐及其附件

压力油罐 2 也是由钢板组焊而成的圆筒形压力容器，其内部储存有一定比例的油和压缩空气，一般油占 30%～40%，其余为压缩空气。压缩空气专门用来增加油压，它通常是由水电站的压缩空气系统供给。由于空气有极好的弹性，所以在储存和释放能量的过程中压力波动很小。压力油罐中的工作油压要求稳定，其波动值应保持在一定范围内，目前采用的额定油压多为 $25 \times 10^5 \mathrm{Pa}$，也有采用 $40 \times 10^5 \mathrm{Pa}$ 的。

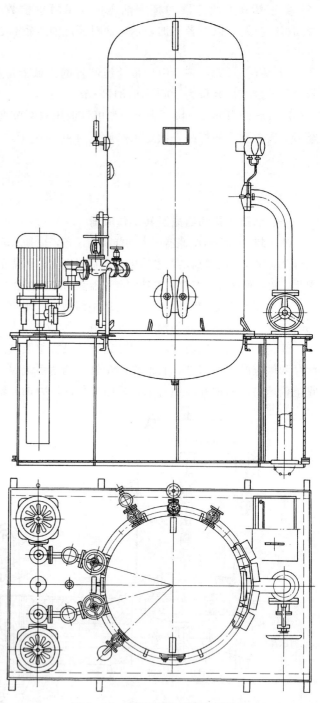

图 5-12　HYZ 型油压装置简图

为了使油压装置的工作过程能够自动控制，在压力油罐上装有四个压力信号器 3，它们分别控制：在油压达到下限时启动油泵；恢复到上限时油泵停机；低于下限时启动备用油泵；低于危险油位时紧急停机。压力表 4 用作测量压力油罐内的压力；空气阀 7 与压缩空气系统连接用作定期补气，压力过高时也可用来放气；油表 5 用来观测压力油罐内油位的高低；球阀 6 是当空气阀拆掉时用作截闭压力油罐内的压缩空气。调速系统用的压力油可通过三通管 1 供给。

二、油压装置的系列

目前我国生产的油压装置因结构的型式不同而分为分离式和组合式两种。分离式是将压力油罐和回油箱分开制造和布置，中间用油管连接，如图 5 - 11 所示；组合式是将两者组合为一整体，如图 5 - 12 所示。

油压装置工作容量的大小是以压力油罐的容积（m³）来表征的，并由此组成油压装置的系列型谱，见表 5 - 2。表中型号由三部分组成，各部分之间也用短横线分开：

第一部分 YZ 用"油""装"两字汉语拼音第一字母组成，对组合式油压装置在 YZ 之前加字母 H，对分离式不加。

第二部分为阿拉伯数字的分式，分子表示压力油罐的总容积，分母表示压力油罐的数目，没有分母者为 1 个压力油罐。其后注有 A、B、C、…者为改型的次序标记。

第三部分的阿拉伯数字表示油压装置的额定油压，无数字者表示额定油压为 $25 \times 10^5 \mathrm{Pa}$。

表 5 - 2	油压装置系列型谱	
油压装置型式	分 离 式	组 合 式
油压装置系列	YZ—1	HYZ—0.3
	YZ—1.6	HYZ—0.6
	YZ—2.5	HYZ—1
	YZ—4	HYZ—1.6
	YZ—6	HYZ—2.5
	YZ—8	HYZ—4
	YZ—10	
	YZ—12.5	
	YZ—16/2	
	YZ—20/2	

例如型号"YZ—20A/2—40"，表示为分离式油压装置，压力油罐的总容积为 20m³，分为两个压力油罐，额定油压为 $40 \times 10^5 \mathrm{Pa}$，经第一次改型后的产品。

又如型号"HYZ—4"，表示组合式油压装置，具有一个 4m³ 的压力油罐，额定油压为 $25 \times 10^5 \mathrm{Pa}$。

第六节 水轮机调速设备的选择

水轮机的调速设备一般包括调速柜、主接力器和油压装置三部分。中小型调速器是将三部分组合在一起成为一个整体设备，如图 5 - 13 所示。它是以主接力器的工作容量（也称为调速功）为表征组成标准系列，因此在选择时只需要计算出水轮机的调速功即可。对于大型调速器三者是分开的，而且调速柜（包括主配压阀在内）、主接力器和油压装置三者并不固定配套，因此要分别进行选择。大型调速器是以主配压阀直径来表征的，因此须先求得主接力器的容积，然后据此计算主配压阀直径，选择相应的调速器。

一、中小型调速器的选择

中小型调速器的调速功是指接力器活塞上的油压作用力与其行程的乘积。对反击式水轮机一般采用以下经验公式进行计算：

$$A = (200 \sim 250)Q\sqrt{H_{\max}D_1} \tag{5-4}$$

式中 A——调速功，N·m；

H_{max}——最大水头，m；

  Q——最大水头下额定出力时的流量，m^3/s；

D_1——水轮机的标称直径，m。

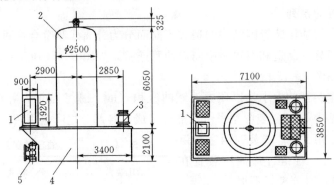

图 5-13　YT 型调速器简图

1—调速柜；2—压力油罐；3—油泵电动机；4—回油箱；5—主配压阀油管

对冲击式水轮机所需要的调速功 A 可按下式进行估算：

$$A = 9.81 z_0 \left(d_0 + \frac{d_0^3 H_{max}}{6000} \right) \quad (N \cdot m) \tag{5-5}$$

式中　z_0——喷嘴数目；

  d_0——额定流量时的射流直径，cm。

由以上所计算的调速功 A，便可在调速器系列型谱表中选出所需要的调速器。

二、大型调速器的选择

（一）接力器的选择

1. 导叶接力器的选择

对大型调速器通常采用两个接力器来操作导水机构，当油压装置的额定油压为 2.5MPa 时，每个接力器的直径 d_s 可按下列经验公式计算：

$$d_s = \lambda D_1 \sqrt{\frac{b_0}{D_1} H_{max}} \quad (m) \tag{5-6}$$

式中　λ——计算系数，可由表 5-3 查取；

  b_0——导叶高度，m。

表 5-3　　　　　　　　　　　　　λ 系 数 表

导叶数 z_0	16	24	32
标准正曲率导叶	0.031~0.034	0.029~0.032	
标准对称导叶	0.029~0.032	0.027~0.030	0.027~0.030

注　1. 若 b_0/D_1 的数值相同，而转轮不同时，Q_1' 大时取大值；

    2. 同一转桨式转轮，蜗壳包角大并用标准对称型导叶者取大值，但包角大，用标准正曲率导叶者取小值。

若油压装置的额定油压为 4.0MPa 时，则接力器直径 d_s' 为

$$d_s' = d_s \sqrt{1.05 \frac{2.5}{4.0}} = 0.81 d_s \tag{5-7}$$

由以上计算得的 d_s（或 d'_s）值便可在标准接力器系列表 5-4 中选择相邻偏大的直径。

表 5-4   标准接力器系列

接力器直径 （mm）	200	225	250	275	300	325	350	375	400	450
	500	550	600	650	700	750	800	850	900	

接力器最大行程 S_{max} 可由下列经验公式求得

$$S_{max} = (1.4 \sim 1.8)a_{0max} \tag{5-8}$$

式中　a_{0max}——水轮机导叶的最大开度（mm），它可由模型水轮机导叶最大开度 a_{0Mmax} 依式（5-9）换算求得。

$$a_{0max} = a_{0Mmax} \frac{D_0 Z_{0M}}{D_{0M} Z_0} \tag{5-9}$$

式中　D_0、D_{0M}——原型和模型水轮机导叶轴心圆的直径；

　　　Z_0、Z_{0M}——原型和模型水轮机的导叶数目。

式（5-8）中较小的系数用于转轮直径 $D_1 > 5m$ 的情况。将所求得的 S_{max} 的单位化为 m，则可求出两个接力器的总容积 V_s 为

$$V_s = 2\pi\left(\frac{d_s}{2}\right)^2 S_{max} = \frac{1}{2}\pi d_s^2 S_{max} \quad （m^3） \tag{5-10}$$

2. 转桨式水轮机转轮叶片接力器的计算

对转桨式水轮机的双调节调速器，除选择导叶接力器外尚须选择转轮叶片的接力器，该接力器装在轮毂内，它的直径 d_c、最大行程 S_{cmax} 和容积 V_c 可按下列经验公式进行估算：

$$d_c = (0.3 \sim 0.45)D_1 \sqrt{\frac{2.5}{P_0}} \tag{5-11}$$

式中　P_0——调速器油压装置的额定油压，MPa。

$$S_{cmax} = (0.036 \sim 0.072)D_1 \tag{5-12}$$

$$V_c = \frac{\pi}{4}d_c^2 S_{cmax} \tag{5-13}$$

当 $D_1 > 5m$ 时，式（5-11）、式（5-12）可采用较小的系数。

（二）主配压阀直径的选择

通常主配压阀的直径与通向主接力器的油管直径是相等的。通过主配压阀油管的流量为

$$Q = \frac{V_s}{T_s} \quad （m^3/s） \tag{5-14}$$

式中　T_s——导叶从全开到全关的直线关闭时间，s。

则油管直径（即主配压阀直径）为

$$d = \sqrt{\frac{4Q}{\pi v_m}} = 1.13\sqrt{\frac{V_s}{T_s v_m}} \quad （m） \tag{5-15}$$

式中　v_m——管内油的流速（m/s），当油压装置的额定油压为 2.5MPa 时，一般取 $v_m \leqslant$ 4～5m/s；当管道较短和工作油压较高时选用较大的流速。

大型调速器是以主配压阀的直径为表征而组成系列，因此在按式（5-15）计算出主配压阀直径 d 后，便可在表 5-1 中选择调速器型号。

对于双调节的转桨式水轮机，在选择调速器时，通常使操作转轮叶片的主配压阀直径与

操作导水机构的主配压阀直径相同,这是由于转轮叶片接力器的运动速度一般比导叶接力器慢得多,所以能够满足导叶接力器动作的主配压阀也一定能够满足转轮叶片接力器的要求。

(三)油压装置的选择

油压装置的工作容量是以压力油罐的总容积为表征的,选择时首先按下列经验公式计算出压力油罐的总容积 V_k:

对混流式水轮机

$$V_k = (18 \sim 20)V_s \qquad (5-16)$$

对转桨式水轮机

$$V_k = (18 \sim 20)V_s + (4 \sim 5)V_c \qquad (5-17)$$

若油压装置尚需供给空放阀和进水阀的接力器用油时,在上列总容积中按要求可增加 $(9 \sim 10)V_t$ 和 $3V_f$,V_t、V_f 分别为空放阀和进水阀接力器的容积。

当选用的额定油压为 2.5MPa 时,可按以上计算得的压力油罐总容积在表 5-2 中选择相邻偏大的油压装置。

【例 5-1】 根据第四章第二节〔例 4-1〕中的有关资料,进行 HL240($D_1 = 3.3$m,$n = 125$r/min)型和 ZZ440($D_1 = 3.3$m,$n = 214.3$r/min)型水轮机方案的调速设备选择。

解 以下将两种水轮机方案调速设备的计算与选择分别进行:

HL240 型方案调速设备的选择

(一)调速功的计算

应用式(5-4),水轮机的调速功 A 为

$$A = (200 \sim 250)Q\sqrt{H_{max}D_1}$$

式中 Q 为水轮机在最大水头 $H_{max} = 35.87$m 下以额定出力 $N_r = 17750$kW 工作时的流量,可依下式求得:

$$Q = \frac{N_r}{9.81 H_{max} \eta}$$

水轮机在工况点($H_{max} = 35.87$m,$N_r = 17750$kW)工作时的效率可由图 4-13(b)查得为 0.89,由此

$$Q = \frac{17750}{9.81 \times 35.87 \times 0.89} = 56.68 \text{ m}^3/\text{s}$$

$$A = (200 \sim 250) \times 56.68\sqrt{35.87 \times 3.3}$$

$$= (1.23 \sim 1.54) \times 10^5 \text{ N} \cdot \text{m} > 30000 \text{ N} \cdot \text{m}$$

属大型调速器,则接力器、调速柜和油压装应分别进行计算和选择。

(二)接力器的选择

1. 接力器直径的计算

采用两个接力器来操作水轮机的导水机构,选用额定油压为 2.5MPa,则每个接力器的直径 d_s 可由式(5-6)求得:

$$d_s = \lambda D_1 \sqrt{\frac{b_0}{D_1}H_{max}}$$

已知导叶数目 $Z_0 = 24$,为标准正曲率导叶,由表 5-3 选取 $\lambda = 0.03$;又导叶的相对高度 $\dfrac{b_0}{D_1}$,由型谱表 4-3 查得为 0.365,代入上式得

$$d_s = 0.03 \times 3.3\sqrt{0.365 \times 35.87} = 0.358 \text{ m} = 358 \text{ mm}$$

由此，在表 5-4 中选择与之接近而偏大的 $d_s = 375$mm 的标准接力器。

2. 接力器最大行程的计算

应用式（5-8），接力器最大行程 S_{max} 为

$$S_{max} = (1.4 \sim 1.8)a_{0max}$$

导叶最大开度 a_{0max} 可由模型的 a_{0Mmax} 求得：

$$a_{0max} = a_{0Mmax} \frac{D_0 Z_{0M}}{D_{0M} Z_0}$$

式中 a_{0Mmax} 可由设计工况点（$n'_{1r} = 77.3$r/min、$Q'_{1max} = 1190$L/s）在模型综合特性曲线图 3-7 上查得为 25mm；同时在图 3-7 上还可查得 $D_{0M} = 534$mm，$Z_{0M} = 24$；选用水轮机的 $D_0 = 1.17D_1 = 1.17 \times 3.3 = 3.86$m $= 3860$mm，$Z_0 = 24$。将各值代入上式得

$$a_{0max} = 25 \times \frac{3860 \times 24}{534 \times 24} = 181 \text{ mm}$$

当选用计算系数为 1.8 时，则

$$S_{max} = 1.8 \times 181 = 326 \text{ mm} = 0.326 \text{ m}$$

3. 接力器容积的计算

两个接力器的总容积 V_s，可由式（5-10）求得：

$$V_s = \frac{\pi}{2}d_s^2 S_{max} = \frac{\pi}{2}(0.375)^2 \times 0.326 = 0.072 \text{ m}^3$$

（三）调速器的选择

大型调速器的型号是以主配压阀的直径来表征的，主配压阀的直径 d 可由式（5-15）计算：

$$d = 1.13\sqrt{\frac{V_s}{T_s v_m}}$$

选用 $T_s = 4$s，$v_m = 4.5$m/s，则

$$d = 1.13\sqrt{\frac{0.072}{4 \times 4.5}} = 0.071 \text{ m} = 71 \text{ mm}$$

由此在表 5-1 中选择与之相邻而偏大的 DT—80 型电气液压型调速器。

（四）油压装置的选择

此处油压装置不考虑空放阀和进水阀的用油，则压力油罐的容积可按式（5-16）估算，即

$$V_k = (18 \sim 20)V_s = (18 \sim 20) \times 0.072 = 1.30 \sim 1.44 \text{ m}^3$$

由此在表 5-2 中选择与之相邻而偏大的 YZ—1.6 型分离式油压装置。

ZZ440 型方案调速设备的选择

同样，通过有关计算并选用：

导叶接力器为 $d_s = 375$mm 的标准接力器；

转轮叶片接力器为 $d_c = 1200$mm 的标准接力器；

导叶主配压阀的直径与转轮叶片主配压阀的直径相同，均为 80mm；

调速器为 DST—100 型双调节电气液压型调速器；

油压装置为 YZ—2.5 型分离式油压装置。

第六章　叶片式水泵

第一节　叶片式水泵的类型及工作参数

水泵的种类很多，主要有叶片式水泵、容积式水泵和其他类型的水泵（如水锤泵、射流泵等）。由于叶片式水泵具有结构简单、运行可靠、性能良好、工作范围广等特点，目前在生产和应用上都很广泛，在国民经济各部门如发电、采矿、冶金、造船、化工等方面都起着重要的作用。尤其是在水利水电工程中的农田排灌、城镇供水、施工基坑排水和水电厂的技术供排水等方面，更是常用的设备。所以本章着重论述叶片式水泵的类型、工作原理、特性及其选型。

叶片式水泵是把原动机的机械能传递给水流使水流能量增加的机械。它通常是利用电动机或内燃机通过泵轴带动水泵的叶轮旋转，旋转着的叶轮对水流作功使其能量增加，从而将一定流量的水流提升输送到需要的高度或要求有压力的地方。

叶片式水泵的工作原理和应用上所考虑的问题，在本质上与水轮机是完全一样的，只是由于工作过程的不同仅在形式上有所差别。根据这一特点本章也将在水轮机基本理论的基础上对叶片式水泵的工作进行分析。

一、叶片式水泵的类型

叶片式水泵按水流流出叶轮的方向和工作上的特点可分为离心泵、轴流泵、混流泵和深井泵。

1. 离心泵

如图 6-1 所示，为离心泵的结构简图，这种泵在启动前须先经灌水漏斗 8 将泵内灌满水以排除空气（或用真空泵排气），然后起动电动机通过泵轴 2 带动叶轮 3 高速旋转，叶轮中弯曲的叶片便迫使水流随其旋转，水流在离心力的作用下向四周径向甩出，经蜗壳形的泵壳 1 汇集在出口的扩散管内逐渐降低速度提高压能，经闸阀 7 送入压水管 5。在叶轮内水流甩出的同时，叶轮的吸水口处则出现了真空，于是吸水池中的水便在大气压力的作用下经带有底阀 6 的滤网和吸水管 4 进入叶轮，从而使水流连续不断地从吸水管压送到排水池。

离心泵的型式有很多种，常用的有：

1) 单级单吸悬臂式离心清水泵：这种型号的水泵以 B 或 BA 表示，例如 8BA-25 型水泵，其中 8 为吸水管口径被 25 除的整数值（即该泵的吸水管口径为 200mm）；25 为比转速被 10 除的整倍数（即该泵的比转速为 250）；BA 为单级单吸式离心泵。这种泵适用的扬程范围为 $H = 8 \sim 98\text{m}$、流量范围为 $Q =$

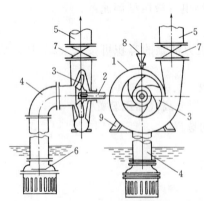

图 6-1　离心泵的结构简图
1—泵壳；2—泵轴；3—叶轮；4—吸水管；
5—压水管；6—底阀；7—闸阀；
8—灌水漏斗；9—泵座

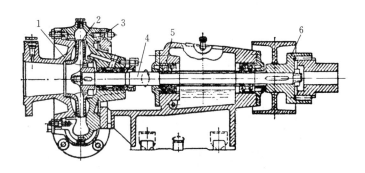

图 6-2　单级单吸悬臂式离心清水泵
1—进水管；2—叶轮；3—泵壳；4—轴；5—轴承；6—联轴器

4.5～360m³/h，其叶轮的装置，吸水口和排水口的组合以及泵体的结构，如图 6-2所示。

2）单级双吸卧式离心清水泵：这种型号的水泵（如图 6-3 所示）以 Sh 表示，例如 10Sh—13A 型水泵，其中 10 为吸水管口径被 25 除的整数值（吸水管口径为 250mm）；13 为比转速的 $\frac{1}{10}$；A 表示更换了直径车小后的叶轮。这种泵的适用扬程范围为 $H=9～140$m，流量范围为 $Q=126～12500$ m³/h。

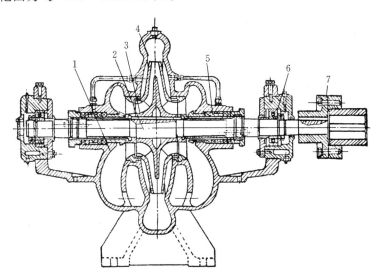

图 6-3　单级双吸卧式离心清水泵
1—进水室；2—轴；3—转轮；4—出水室；5—密封函；6—轴承；7—联轴器

3）分段式多级离心清水泵：这种型号的水泵（如图 6-4 所示）以 DA 表示，例如 4DA—8×9 型水泵，其中 4 为吸水管口径被 25 除的整数值（吸水管口径为 100mm）；8 为比转速的 $\frac{1}{10}$；9 为叶轮级数。这种泵实用的扬程范围为 $H=14～350$m、流量为 $Q=10.8～350$ m³/h。

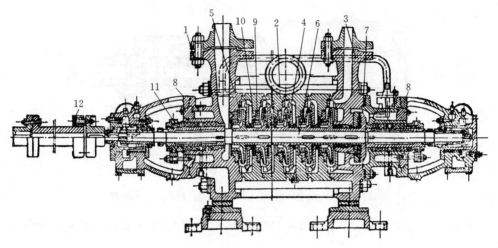

图 6-4　分段式多级离心清水泵

1—前段；2—中段；3—后段；4—导叶；5—叶轮；6—泵轴；7—平衡盘；
8—轴承体；9—泵体密封环；10—叶轮密封环；11—轴套；12—联轴器

2. 轴流泵

图 6-5 为一轴流泵的结构简图，和轴流式水轮机一样，它的叶轮亦是由悬臂式翼形叶片（2～6 片）和轮毂组成。由于这种泵的吸水能力很小，叶轮一般都浸没在吸水池中，使水流经喇叭形的进水管直接进入泵内。当电动机通过主轴带动叶轮旋转时，叶轮上倾斜装置的叶片便推动水体流动，水流在叶片升力的作用下便增大了动能和压能。在叶片的上方还装置了一组固定导叶，它的作用是顺直水流方向，并将水流在流出叶轮后的旋转速度的动能转变成压能。

轴流泵大多做成单级，多级轴流泵可以提高扬程，但结构复杂而且轴向尺寸也将增大。为了使电动机装置在吸水池水面以上，轴流泵多采用立式装置。

小型轴流泵为了使结构简化便于制造，叶轮上叶片的安置角可以是固定的（ZL型），也可在停机时拧开叶片座来调整叶片的装置角（ZLB 型），以达到定期调节流量的目的。大型轴流泵，一般采用可转动的叶片（ZLQ 型），用以随时经济地调节其流量。

轴流泵适用于大流量、低扬程的情况。一般小型轴流泵的流量为 $Q=0.3\sim0.8\mathrm{m^3/s}$；大型轴流泵的流量为 $Q=8\sim30\mathrm{m^3/s}$，甚至可达 $50\sim60\mathrm{m^3/s}$。轴流泵的扬程一般小于 25m，通常使用的扬程为 4～12m。

3. 混流泵

混流泵是介于离心泵和轴流泵之间的一种泵型，它与离心泵相比较，叶片数较少，叶道宽阔。同时由于其叶片装置在流道的转弯处，使水流沿与轴线倾斜的方向流出转轮，这样转动着的叶轮对于水流的作用力既有径向的离心力，又有轴向的升力，所以这种泵适用于中等扬程和较大流量的情况。目前我国使用最广的是丰产牌混流泵，其适用扬程范围为 $H=4\sim25\mathrm{m}$，流量范围为 $Q=370\sim2780\mathrm{m^3/h}$。

离心泵、轴流泵和混流泵的叶轮型式和水流流出叶轮的方向，如图 6-6 所示。

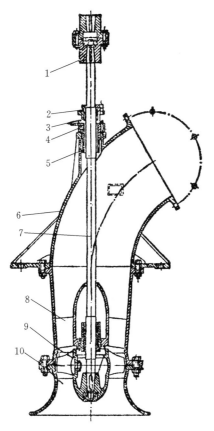

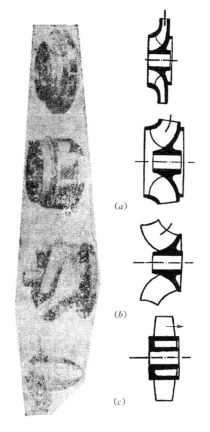

图 6-5 轴流泵结构图
1—联轴节；2—填料压盖；3—填料；4—填料函；
5—上导轴承；6—出水弯管；7—主轴；8—导叶
体；9—叶轮座；10—进水喇叭管

图 6-6 叶轮的类型
(a) 离心式（径流式）；(b) 混流式（斜流式）；
(c) 轴流式

4. 深井泵

深井泵是一种立轴多级式离心泵或混流泵，它的叶轮装在水下，由此可以抽取较深层的水，被广泛应用于农田井灌和水电厂的集水井排水等。深井泵按其传动的方式可分为长轴式深井泵和潜水式深井泵。

如图 6-7 所示，长轴式深井泵是由电动机通过长转动轴带动多级泵抽水，它是由带有滤水管的泵体部分、输水管和转动轴部分以及泵座和电动机部分组成，前两部分位于井下，后一部分位于井上。我国使用最广的是 JD 型长轴式深井泵，其适用扬程范围为 $H=22\sim100\mathrm{m}$；流量为 $Q=10\sim520\mathrm{m^3/h}$。

如图 6-8 所示，潜水式深井泵的特点是将泵体中的多级叶轮和同轴的潜水电动机装在一个管路中，并潜没在井水中抽水。由于它没有长的转动轴故运行稳定、构造简单，但由于电动机长期潜没在水下工作维护困难，故适用于短期性作业。我国近年来大量生产和适用的是 NQ 型潜水式深井泵，其适用的扬程范围为 $H=20\sim125\mathrm{m}$，流量范围为 $Q=20\sim140\mathrm{m^3/h}$。

二、水泵的工作参数

水泵的性能通常由下列诸参数来表示：

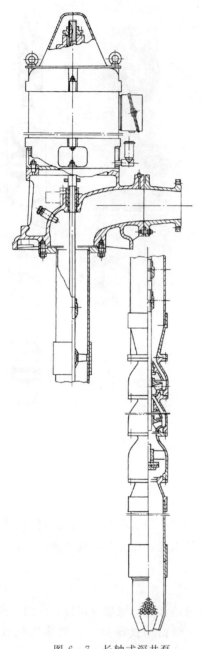

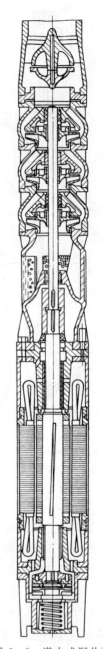

图 6-7　长轴式深井泵　　　　　图 6-8　潜水式深井泵

1. 转速
是指水泵叶轮、亦即泵轴每分钟旋转的次数，用 n 表示，单位为 r/min。
2. 流量
流量是指泵在单位时间内输送出去的水体容积，用 Q 表示，单位为 m³/s、L/s、m³/h 等。
3. 扬程
扬程是指单位重量的水体通过水泵后所获得的能量，亦即单位重量的水体在水泵进、

130

出口处的能量之差，用 H 表示，单位为 m。

如图 6-9 所示，设水泵的进口为 1 断面，其能量为 E_1；出口为 2 断面，其能量为 E_2，现以吸水池水面为基准面，根据上述定义水泵的扬程 H 可写为

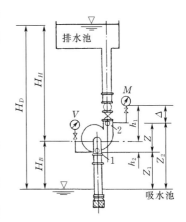

图 6-9　水泵扬程的测定

$$H = E_2 - E_1$$

$$= \left(Z_2 + \frac{P_2}{\gamma} + \frac{V_2^2}{2g}\right) - \left(Z_1 + \frac{P_1}{\gamma} + \frac{V_1^2}{2g}\right)$$

$$= (Z_2 - Z_1) + \frac{P_2 - P_1}{\gamma} + \frac{V_2^2 - V_1^2}{2g} \qquad (6-1)$$

水泵的进口压力 $\dfrac{P_1}{\gamma}$ 和出口压力 $\dfrac{P_2}{\gamma}$ 可用真空表和压力表测得。设 M 为压力表的读数，V 为真空表的读数，均以水柱高（m）表示。当以绝对真空压力为零时，由读数 M 及 V 便可求得水泵进出口的压力为

$$\frac{P_1}{\gamma} = \frac{P_a}{\gamma} - V$$

$$\frac{P_2}{\gamma} = M + \Delta + \frac{P_a}{\gamma}$$

式中　P_a——大气压力，Pa；

　　　　Δ——压力表下部到测点 2 的高度，m。

代入式（6-1）得

$$H = M + V + Z + \Delta + \frac{V_2^2 - V_1^2}{2g} \qquad (6-2)$$

式中　$Z = Z_2 - Z_1$——水泵进出口 1、2 断面的高程差。

水泵进、出口的压力 $\dfrac{P_1}{\gamma}$、$\dfrac{P_2}{\gamma}$ 还可由进口和出口对吸水池和排水池列伯诺里方程式求得。

设吸水池容积很大，其行进流速的流速水头为零，则从吸水池表面到进口 1 断面之间的伯诺里方程式为

$$\frac{P_a}{\gamma} = Z_1 + \frac{P_1}{\gamma} + \frac{V_1^2}{2g} + h_B$$

则

$$\frac{P_1}{\gamma} = \frac{P_a}{\gamma} - \left(Z_1 + \frac{V_1^2}{2g} + h_B\right)$$

式中　h_B——吸水管路中的水头损失，m。

上式表明在水泵进水口处存在着真空现象，其吸水的真空高度为 $\left(Z_1 + \dfrac{V_1^2}{2g} + h_B\right)$。

同样，设排水池中的流速水头亦为零，则从水泵出口 2 断面到排水池表面之间的伯诺里方程式为

$$(Z_1 + Z) + \frac{P_2}{\gamma} + \frac{V_2^2}{2g} = \frac{P_a}{\gamma} + (H_B + H_H) + h_H$$

则

$$\frac{P_2}{\gamma} = (H_B + H_H) - (Z_1 + Z) + \frac{P_a}{\gamma} - \frac{V_2^2}{2g} + h_H$$

式中 H_B、H_H——水泵吸水和压水的地形高度，m；

h_H——压水管路中的水头损失，m。

由此求得

$$\frac{P_2 - P_1}{\gamma} = (H_B + H_H) - Z - \frac{V_2^2 - V_1^2}{2g} + h_B + h_H$$

将上式代入式（6-1）得

$$H = H_B + H_H + h_B + h_H = H_D + \sum h \qquad (6-3)$$

式（6-3）表明水泵的扬程为总地形高度 H_D（从吸水池表面至排水池表面的地形高度）和管路（包括吸水管路和压水管路）水头损失之和。

以上所推导的水泵扬程式（6-2）和式（6-3）有着不同的应用：对于运行中的水泵，当读出真空表和压力表的读数 V、M 后，即可由式（6-2）求得水泵的工作扬程 H；在设计水泵站时，当已知水泵和管路的布置情况后，便可测得水泵至吸水池地形高度 H_B 和至排水池地形高度 H_H，并算出管路的水头损失 h_B、h_H，则可由式（6-3）求得水泵的设计扬程 H。

4. 功率与效率

水泵的功率通常是指输入功率，即由原动机（电动机或内燃机）供给的水泵轴功率，以 N 表示，单位为 kW。

水泵的输出功率，或称有效功率以 N_e 表示，它是单位时间内流过水泵的水体所获得的有效能量，其值为

$$N_e = 9.81 QH \quad (\text{kW})$$

有效功率与输入轴功率之比即为水泵的效率 η，即

$$\eta = \frac{N_e}{N} = \frac{9.81 QH}{N} \qquad (6-4)$$

当已知水泵的效率 η 和给定的流量 Q、扬程 H 时，便可求得所需要的原动机功率为

$$N = \frac{9.81 QH}{\eta} \quad (\text{kW})$$

水泵在运行中的损失和水轮机一样也包括水力损失、容积损失和机械损失，它们分别也以水力效率 η_s、容积效率 η_r 和机械效率 η_j 表示，则水泵的总效率 η 就等于以上各效率之乘积，即

$$\eta = \eta_s \eta_r \eta_j \qquad (6-5)$$

5. 允许吸上真空高度与汽蚀余量

允许吸上真空高度，以 H_s 表示，是指水泵在标准状况（即水温为 20℃，表面压力为一个标准大气压）下运转时，水泵允许的最大吸上真空高度，单位为 mH_2O（$1mH_2O = 10^4 Pa$），它反映了离心泵和混流泵的吸水性能。

汽蚀余量以 Δh 表示，是指水泵进口处，单位重量水体所具有的超过发生汽化压力的富余能量，单位为 mH_2O（$1mH_2O = 10^4 Pa$），用以反映轴流泵的吸水性能。

第二节　水泵工作的基本方程式

在水泵工作时，水流经过旋转着的叶轮受叶片的动力作用使其能量增加，水泵的基本

方程式就是表达叶轮对水流所做的功与水流运动状态之间的关系方程式。

水流在旋转叶轮中的运动也是很复杂的，为了分析和研究上的方便，同样假定叶轮是由无限多个无限薄的叶片组成，水流呈轴对称入流，并忽略水的黏性和叶道糙度的影响，水流在旋转叶道中的运动亦可用速度三角形来描述，如图 6 - 10 所示。由此，和推求水轮机基本方程式一样，应用动量矩定律，亦可求出具有无限多个无限薄叶片叶轮的理论扬程 $H_{T\infty}$ 为

$$H_{T\infty} = \frac{1}{g}(U_2 V_2 \cos\alpha_2 - U_1 V_1 \cos\alpha_1) \tag{6-6}$$

式中 V_1、V_2——水流在叶片进、出口处的绝对速度；

$\quad\quad$ U_1、U_2——水流在进、出口处的圆周速度；

$\quad\quad$ α_1、α_2——叶片进、出口处绝对速度与圆周速度的夹角。

式（6-6）即为水泵工作的基本方程式，它给出了水泵扬程与流经叶轮水流参数之间的关系，它对合理设计叶型以获取最大扬程提供了依据。

为了提高水泵的扬程和改善吸水性能，使水流以径向流入转轮，即 $\alpha_1 = 90°$，$\cos\alpha_1 = 0$，则上式可写为

$$H_{T\infty} = \frac{1}{g} U_2 V_2 \cos\alpha_2 \tag{6-7}$$

由式（6-7）可知，若使 α_2 越小，水泵的扬程 $H_{T\infty}$ 越大，所以在实际生产中一般选用 $\alpha_2 = 6°\sim15°$；同时增加转速 n 和加大转轮出口直径 D_2 亦可提高扬程 $H_{T\infty}$。

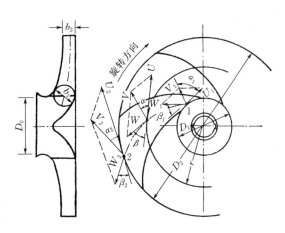

图 6 - 10　叶轮内水流的速度三角形

实际上，叶轮的叶片数是有限的，一般离心式水泵有 6～9 片。有限个叶片就不可能像无限多叶片那样约束水流的流动，因此在叶道中除了有一个均匀的相对运动外，由于惯性力水流还产生了一个与叶轮旋转方向相反的相对轴向旋转运动，如图 6 - 11 所示，称为轴向漩涡。由于轴向漩涡的存在便使得叶道中水流的速度极不均匀：在叶片进口处，由于轴向漩涡引起的圆周速度与进口处圆周分速 V_{u1} 的方向一致而导致 V_{u1} 增大；在出口处由于两者的方向相反而导致 V_{u2} 减小；同样在叶道中，靠近轮叶表面（凸面）相对速度减小，而在背面（凹面）相对速度则增大。由此使得水流的相对速度偏离了原来的方向，如图6-12中虚线表示的即为当流量不变时（轴面流速 $V_{m2} = V_{m2\infty}$）在有限叶片出口处的速度三角形。

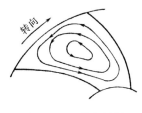

图 6 - 11　轴向漩涡

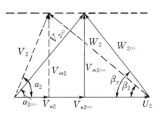

图 6 - 12　出口速度三角形

133

由于上述 V_{u1} 的增大、V_{u2} 的减小，所以有限叶片的理论扬程 H_T 也就小于无限叶片的理论扬程 $H_{T\infty}$，它们之间的关系可用下列经验公式表示：

$$H_T = \frac{H_{T\infty}}{1+P} \tag{6-8}$$

$$P = 2\frac{\psi}{z}\frac{r_2^2}{r_2^2 - r_1^2}$$

式中　P——考虑有限叶片时的修正系数；

ψ——经验系数，一般为 $0.8\sim1.0$，当叶片数目少时取大值；

z——叶轮的叶片数；

r_1、r_2——叶轮主轴中心线至进、出水边的半径。

对于水泵所能供给的实际扬程 H，和水轮机一样，尚应考虑水泵的水力效率 η_S，于是水泵的实际扬程为

$$H = H_T\eta_S = \frac{H_{T\infty}}{1+P}\eta_S \tag{6-9}$$

第三节　水泵的特性及运行工况

一、水泵的相似律和比转速

水泵各参数之间的关系，目前也还不能从理论上进行分析和计算，所以在研制新型水泵时亦需要通过模型试验来测定模型水泵的特性参数（主要是指扬程 H_M、流量 Q_M、转速 n_M、功率 N_M 和效率 η_M 等），也还需要应用相似率把这些特性参数换算到原型水泵上去。水泵的相似率和水轮机完全一样，只是形式上有所不同。

两台几何相似的水泵（这里着重讨论模型水泵和原型水泵），在相似工况下工作时，如果它们的尺寸相差不大，则可认为它们的效率也是相等的，即 $\eta_{SM} = \eta_S$、$\eta_{rM} = \eta_r$、$\eta_{jM} = \eta_j$、$\eta_M = \eta$，由此应用公式（3-6）～式（3-8）便可推求出下列公式：

$$\frac{Q_M}{D_{2M}^2\sqrt{H_M}} = \frac{Q}{D_2^2\sqrt{H}}$$

$$\frac{n_M D_{2M}}{\sqrt{H_M}} = \frac{n D_2}{\sqrt{H}}$$

$$\frac{N_M}{D_{2M}^2 H_M^{3/2}} = \frac{N}{D_2^2 H^{3/2}}$$

由上述公式便可进一步推求出下列关系式：

$$\left.\begin{array}{l} \dfrac{Q}{Q_M} = \left(\dfrac{D_2}{D_{2M}}\right)^3 \dfrac{n}{n_M} \\[3mm] \dfrac{H}{H_M} = \left(\dfrac{D_2}{D_{2M}}\right)^2 \left(\dfrac{n}{n_M}\right)^2 \\[3mm] \dfrac{N}{N_M} = \left(\dfrac{D_2}{D_{2M}}\right)^5 \left(\dfrac{n}{n_M}\right)^3 \end{array}\right\} \tag{6-10}$$

式（6-10）即为水泵的相似率公式，借助此公式便可进行模型水泵和原型水泵之间的参数换算。式中有脚标"M"者为模型水泵的参数，无脚标者为原型水泵的参数，D_2

为水泵叶轮的外径，如图 6-10 所示。

水泵比转速的概念也和水轮机完全一样，其表达式亦为

$$n_S = \frac{n\sqrt{N}}{H^{5/4}}$$

如果以 $N = 13.33QH$ 马力代入上式，则得

$$n_S = 3.65 \frac{n\sqrt{Q}}{H^{3/4}} \tag{6-11}$$

式（6-11）为目前尚沿用的水泵比转速的表达式，它表示当水头 $H = 1\text{m}$，流量 $Q = 0.075\text{m}^3/\text{s}$，出力 N 为 1 马力（1 马力 $= 735.499\text{W}$）时的转速即为水泵的比转速。式中的 Q 和 H 是指单级、单泵的流量和扬程，因而对双吸式水泵：

$$n_S = 3.65 \frac{n\sqrt{\dfrac{Q}{2}}}{H^{3/4}} \tag{6-12}$$

对多级式水泵：

$$n_S = 3.65 \frac{n\sqrt{Q}}{\left(\dfrac{H}{i}\right)^{3/4}} \tag{6-13}$$

式中 i——多级式水泵的级数。

水泵在运行中，其扬程和流量是可以改变的，对不同工况就有不同的比转速，通常以最优工况下的比转速作为水泵系列的代表，并以此比转速进行水泵的分类、表示结构型式和特性曲线的特点，见表 6-1。

表 6-1　　　　　　　　　比转速与叶轮形状和特性曲线的关系

泵的类型	离 心 泵			混 流 泵	轴 流 泵
	低比转速	中比转速	高比转速		
比转速 n_s	$30 < n_s < 80$	$80 < n_s < 150$	$150 < n_s < 300$	$300 < n_s < 500$	$500 < n_s < 1000$
叶轮形状	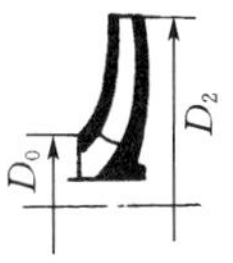	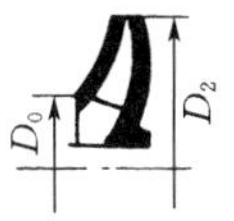			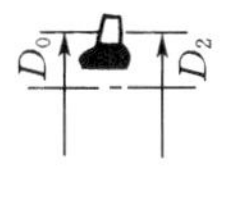
尺寸比	$\dfrac{D_2}{D_0} \approx 3$	$\dfrac{D_2}{D_0} \approx 2.3$	$\dfrac{D_2}{D_0} \approx 1.8 \sim 1.4$	$\dfrac{D_2}{D_0} \approx 1.2 \sim 1.1$	$\dfrac{D_2}{D_0} \approx 1$
叶轮形状	圆柱形叶片	入口处扭曲 出口处圆柱形	扭曲叶片	扭曲叶片	轴流泵翼型
特性曲线 形 状	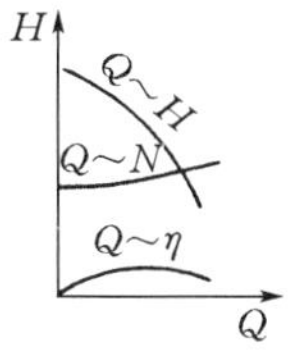	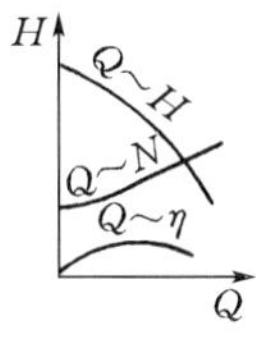	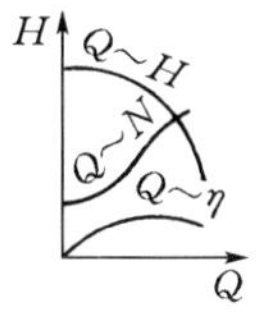	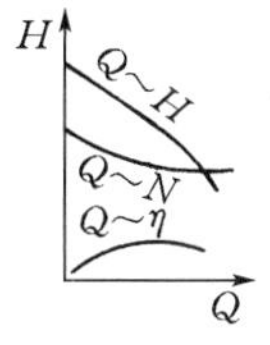	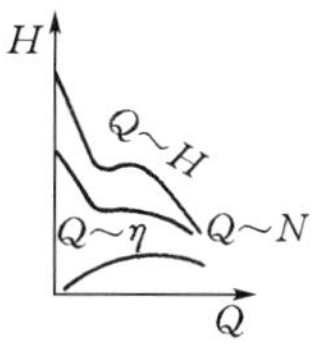
流量—扬程 曲线特点	关死扬程为设计工况的 $1.1 \sim 1.3$ 倍，扬程随流量减小而增加，变化比较缓慢			关死扬程为设计工况的 $1.5 \sim 1.8$ 倍，扬程随流量减小而增加，变化较急	关死扬程为设计工况的 2 倍左右，扬程随流量减小而急速上升，又急速下降

泵的类型	离 心 泵			混 流 泵	轴 流 泵
	低比转速	中比转速	高比转速		
流量—功率曲线特点	关死点功率较小，轴功率随流量增加而上升			流量变动时轴功率变化较小	关死点功率最大，设计工况附近变化比较小，以后轴功率随流量增大而下降
流量—效率曲线特点	比较平坦			比轴流泵平坦	急速上升后又急速下降

二、水泵的特性曲线

水泵在以额定转速工作时，其能量特性是以扬程 H、功率 N、效率 η 与流量 Q 之间的关系曲线来表示的，其中最常用的是 $H \sim Q$ 曲线。

由于水泵在运行中的水力损失，漏水损失和机械损失等也很难予以确切计算，所以水泵的特性曲线目前也只能通过实验求得。由于原型水泵的尺寸一般都不是很大，所以通常都以原型水泵进行试验，以求得水泵实测的特性曲线。

水泵的能量试验是在转速一定的情况下，调节出水阀的开度、改变水泵的运行工况，并测量各工况下的流量 Q、扬程 H 和轴功率 N，算出效率 η。然后以 Q 为横坐标，以 H、N、η 为纵坐标，在坐标场里标出相应的试验点并连成光滑的曲线，便可得出在该转速下的 $Q \sim H$、$Q \sim N$ 和 $Q \sim \eta$ 的特性曲线，如图 6 - 22 所示，该图为 12Sh - 19 型水泵的特性曲线。不同类型和不同比转速的水泵，其特性曲线的形状及特点见表 6 - 1。

同样，进行水泵的汽蚀实验，亦可得出流量 Q 与允许最大吸上真空高度 H_s 的关系曲线，并和上述能量特性曲线画在同一张图上，如图 6 - 22 所示。

三、管路特性曲线

由式（6 - 3）知，水泵的扬程亦为地形高度和管路水头损失之和，即

$$H = H_D + \sum h$$

式中管路损失 $\sum h$ 包括吸水管和压水管的沿程损失和各种局部损失之和，这些损失都与流量的平方成正比，故上式亦可写为

$$H = H_D + KQ^2 \tag{6 - 14}$$

式中 K——水力损失系数，可由计算求得。

由此在 Q、H 坐标图上，在 H_D 以上便可绘制 KQ^2 曲线，如图 6 - 13 所示，该曲线即为管路特性曲线。

四、水泵的运行工况

1. 水泵运行的工作点

如图 6 - 14 所示，将水泵的 $Q \sim H$ 特性曲线和管路特性曲线一并绘在 Q、H 的坐标图上，两曲线相交于 A 点，则水泵启动后就自动地以该点相应的流量 Q_A 进行工作。这可由以下情况予以说明：假若水泵在 A 点的左边某一 B 点工作，那么水泵以 Q_B 工作时产生的总扬程 H_B 大于抽水系统所需的总扬程 $H_D + \sum h_B$，这样多余的能量就会使水流加速，从而使流量增加，直到 Q_A 两者的总扬程平衡为止；同样，假若水泵在 A 点右边某一 C 点工

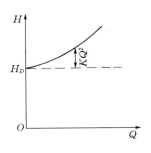

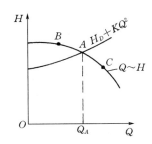

图 6-13　管路特性曲线　　　　　　图 6-14　水泵的工作点

作,则水泵以 Q_C 工作时产生的总扬程 H_C 小于 $H_D + \sum h_C$,这时由于能量不足则使水流减速,流量减小,也直到 Q_A 为止。所以水泵就必定在 A 点工作,A 点就称为水泵的工作点(或称为工况点)。

2. 水泵的串联运行

当一台水泵的扬程不能满足要求时,可采取让这台水泵向另一台水泵的吸水管供水,然后由后者向排水池输水,如图 6-15 所示,这种工作方式称为水泵的串联运行。此时水泵以同样的流量依次流过串联水泵,而水流所获得的能量为各串联水泵所供给的能量之和。

在图 6-15 中表示有 I、II 两台水泵串联工作,其 $Q \sim H$ 特性曲线分别为曲线 I 和曲线 II,将曲线 I、II 流量相同时的扬程相加,即得出两台水泵串联工作时的特性曲线 I＋II,此曲线和管路特性曲线相交于 A 点,A 点即为 I、II 两台水泵串联工作时的工作点,供水流量为 Q_A,供水总扬程为 H_A。此时水泵产生的扬程和需要的扬程也达到平衡。

在水泵串联装置中,应注意使各水泵的流量范围选得比较接近,否则会强迫小泵在很大流量下工作形成电机过载。

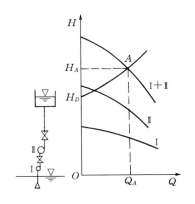

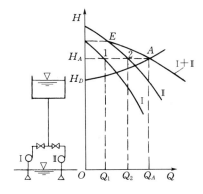

图 6-15　水泵的串联运行　　　　　　图 6-16　水泵的并联运行

3. 水泵的并联运行

当一台水泵的流量不能满足要求时,可采用两台或两台以上的水泵向同一管路输水,如图 6-16 所示,这种工作方式称为水泵的并联运行。此时各泵出水管的联结点上有相同的压力,这说明各水泵具有相同的扬程,而输出的总流量则等于各并联水泵所供流量之和。

在图 6-16 中，有 Ⅰ、Ⅱ 两台水泵并联工作，将 Ⅰ、Ⅱ 两台水泵 $Q \sim H$ 特性曲线上扬程相同时的流量相加起来，便可得到两台水泵并联工作时的特性曲线 Ⅰ＋Ⅱ。曲线 Ⅰ＋Ⅱ 是从 E 点以后开始绘制的，因为在 E 点左边由于两台水泵的扬程不可能相同，故不能并联工作。曲线 Ⅰ＋Ⅱ 和管路特性曲线相交于工作点 A，供水总扬程为 H_A，流量为 Q_A。从 A 点画平线交曲线 Ⅰ、Ⅱ 于 1、2 点，其相应的流量为 Q_1、Q_2，则 $Q_A = Q_1 + Q_2$。

在水泵并联装置中亦应注意使各泵的扬程范围选得比较接近，否则扬程相差太大就不可能形成并联工作。

五、水泵的流量调节

水泵在运行中往往需要改变流量，因而就要求水泵在运行中能进行流量调节。水泵流量调节的方式有下列三种：

1) 在水泵的出水管上装一调节阀门，改变阀门的开度也就是改变水力损失系数 K 使管路特性曲线改变、工作点改变，使水泵的流量亦随之改变，如图 6-17 所示。

2) 改变水泵的转速，水泵的 $Q \sim H$ 特性曲线改变、工作点改变，使水泵的流量亦随之改变，如图 6-18 所示。

3) 对轴流转桨式水泵，只需要改变叶片的转角 φ，就可改变 $Q \sim H$ 特性曲线以进行流量调节，如图 6-19 所示。

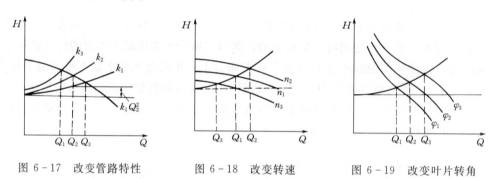

图 6-17　改变管路特性　　　　图 6-18　改变转速　　　　图 6-19　改变叶片转角

第四节　水泵的汽蚀与安装高度

一、水泵的汽蚀

水泵运行中，叶轮高速旋转，在叶轮进口处由于水流甩出而形成了压力降低，出现了真空现象，从而把吸水池中的水不断地吸入水泵。对于叶轮进口处的压力，如图 6-20 所示，可由吸水池水面 0—0 和水泵进口 1—1 断面的伯诺里方程式求得，即

$$Z_0 + \frac{P_a}{\gamma} + \frac{V_0^2}{2g} = H_B + \frac{P_1}{\gamma} + \frac{V_1^2}{2g} + h_B$$

取吸水池水面为基准面，则 $Z_0 = 0$，并忽略其行进流速水头 $\dfrac{V_0^2}{2g}$，则得

$$\frac{P_1}{\gamma} = \frac{P_a}{\gamma} - \left(H_B + \frac{V_1^2}{2g} + h_B \right) \tag{6-15}$$

从式（6-15）中可以看出，水泵进口压力小于大气压，其真空值 $\left(H_B + \dfrac{V_1^2}{2g} + h_B\right)$ 即为水泵的吸上真空高度（也称为吸水高度），用 H_S 表示。又地形吸水高度 H_B 为泵轴中心线（卧式水泵）以下至吸水池水面的垂直高度，即水泵的安装高度，用 H_Z 表示，则得

$$H_S = H_Z + \frac{V_1^2}{2g} + h_B \qquad (6-16)$$

$$\frac{P_1}{\gamma} = \frac{P_a}{\gamma} - H_S \qquad (6-17)$$

式（6-16）说明水泵的吸上真空高度 H_S 不仅要满足地形吸水高度 H_z（亦即 H_B）和水流动能 $\dfrac{V_1^2}{2g}$ 的要求，还要克服吸水管路中的水头损失 h_B。

当水泵流量一定时，$\dfrac{V_1^2}{2g}$ 和 h_B 基本上

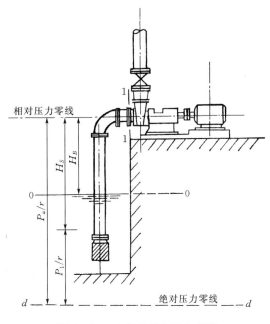

图 6-20　水泵的吸上真空高度

均为定值，则 H_S 随水泵的安装高度 H_Z 的增大而增大。一般为了减小水泵站的土建投资，希望水泵的安装高度高一些好，但当 H_S 增大到某一值时，使 $\dfrac{P_1}{\gamma}$ 小于水的汽化压力 $\dfrac{P_B}{\gamma}$，和水轮机一样，此时水泵在进口处也就产生了汽蚀，使效率急剧下降，金属表面被剥蚀，严重情况下也会产生振动和噪音，破坏或影响水泵的正常工作。

二、离心泵和混流泵的安装高度

为了避免水泵中汽蚀现象的发生，可使 $\dfrac{P_1}{\gamma} > \dfrac{P_B}{\gamma}$，由此则需要限制水泵的吸上真空高度 H_S。水泵制造工厂在进行水泵的汽蚀实验之后，对离心泵和混流泵在其产品目录或样本中给出了水泵的允许吸上真空高度 $[H_S]$，它代表该水泵在运行中不产生汽蚀的最大允许吸水高度。此处尚应注意，工厂所给出的允许吸上真空高度 $[H_S]$ 是在标准大气压（$10.33\mathrm{mH_2O}$）和水温 $20℃$（相应的汽化压力为 $0.24\mathrm{mH_2O}$）时的数据，因此使用时还必须根据当地的大气压和实际水温进行修正。修正后的允许吸上真空高度用 $[H_S]'$ 表示，即

$$[H_S]' = [H_S] - \frac{\triangledown}{900} - \left(\frac{P_B}{\gamma} - 0.24\right) \qquad (6-18)$$

式中　$\triangledown$——水泵装置处的海拔高程；

　　$\dfrac{P_B}{\gamma}$——实际水温下的汽化压力，见表 2-1。

修正后的允许吸上真空高度 $[H_S]'$ 亦应满足式（6-16），即

$$[H_s]' = H_z + \frac{V_1^2}{2g} + h_B \qquad (6-19)$$

将式（6-19）代入式（6-18）便可求得水泵在不发生汽蚀时的最大允许安装高度 H_z 为

$$H_z = [H_s] - \frac{\nabla}{900} - \frac{V_1^2}{2g} - h_B - \left(\frac{P_B}{\gamma} - 0.24\right) \qquad (6-20)$$

实际上，水泵压力最低点并不发生在水泵进口的中心位置，而是发生在叶轮入口流道的最高点，如图6-21（a）、（b）所示。对大型离心泵和混流泵，为了汽蚀的安全，水泵的安装高度应为该最高点至吸水池水面的垂直高度。

三、轴流泵的安装高度

对于轴流泵，由于其吸水性能较差，叶轮须安装在吸水池水面以下，所以其吸水性能常以汽蚀余量 Δh 来表示。汽蚀余量的物理意义是水泵叶轮进口处单位重量水体所具有的超过发生汽化压力的富余能量，它可以下式表示：

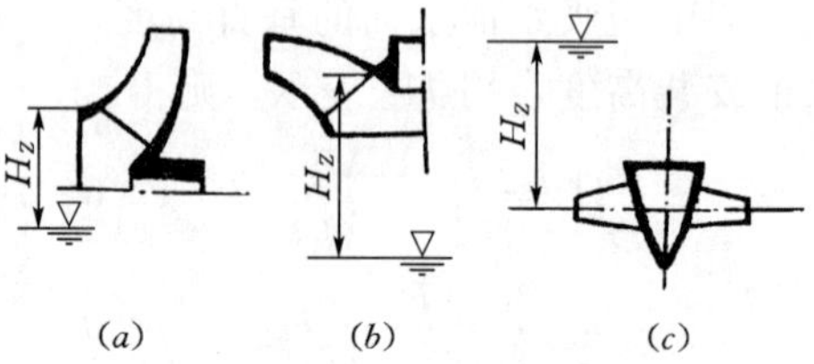

图 6-21　水泵的安装高度
（a）卧式泵；（b）立式泵；（c）轴流泵

$$\Delta h = \frac{P_1}{\gamma} + \frac{V_1^2}{2g} - \frac{P_B}{\gamma} \quad (\text{m}\,\text{H}_2\text{O}) \qquad (6-21)$$

将式（6-17）代入式（6-21）得

$$\Delta h = \frac{P_a}{\gamma} - \frac{P_B}{\gamma} - H_S + \frac{V_1^2}{2g} \qquad (6-22)$$

再将式（6-16）代入式（6-22），又得

$$\Delta h = \frac{P_a}{\gamma} - \frac{P_B}{\gamma} - H_z - h_B \qquad (6-23)$$

由6-23式可以看出，当 P_a、P_B 和水泵的流量一定时则汽蚀余量将主要随着水泵安装高度 H_z 的增大而减小，但当 H_z 增大到某一值时，水泵就会产生汽蚀现象，由此水泵制造工厂根据汽蚀试验结果给出了轴流泵在汽蚀临界状态下的临界汽蚀余量 Δh_K。为了安全起见，又规定一般清水泵尚应有0.3m的安全值，所以计算时所采用的允许汽蚀余量 $[\Delta h]$ 为

$$[\Delta h] = \Delta h_K + 0.3$$

以此 $[\Delta h]$ 代替式（6-23）中的 Δh，则可得出轴流泵的安装高度 H_z 应为

$$H_z = \left(10.0 - \frac{\nabla}{900}\right) - \frac{P_B}{\gamma} - h_B - [\Delta h] \qquad (6-24)$$

式中 10.0（$\text{m}\text{H}_2\text{O}$）为标准大气压考虑气候变化后的采用值，$\dfrac{\nabla}{900}$ 为当地大气压的修正值。

轴流泵的安装高度为叶片轴中心至吸水池水面的垂直高度，如图6-21（c）所示。

一般计算得出的 H_z 为负值，这表示水泵必须淹没在吸水池水面以下才能工作。若计算得的 H_z 为正值，这表示该水泵允许有吸程，可以装置在吸水池水面以上，但为了便于启动（不再进行排气），通常仍将叶轮淹没于水下，并保证有0.5～1.0m的淹没深度。

第五节 水 泵 的 选 择

水泵是工农业供水、灌溉和排水系统中的核心设备，因此所选用的水泵除必须满足系统所需要的流量和扬程而外，还要求能使水泵在各种运行工况下具有较高的效率并避免出现汽蚀，而且使工程投资最省和运行费用最小。因此需要进行可能水泵方案的经济技术比较，以选择出合理的方案。

水泵选择的主要依据是所需要的流量和扬程，以及必要的地形、地质资料和水泵的样本等。在选择时应本着上述原则和要求可按以下程序进行：

1）根据工程的性质和任务及所需的流量选择水泵的台数和供水方式（可能有不同的方案），确定各方案的单泵设计流量和流量变化范围；

2）确定水泵的设计扬程，初选时管路的总水头损失 $\sum h$ 可按 $10\% \sim 20\% H_D$ 进行估算；

3）根据水泵的设计扬程和单泵设计流量在水泵产品样本中选出可能应用的水泵，也可能有好几种型号的水泵都能适用。这可一并列入选择方案；

4）针对所选出的水泵进行管路选线和管路布置，计算和绘制管路特性曲线，并确定水泵在各特征工况下的工作点，校核其扬程、流量是否符合要求，对符合要求的水泵可作为待选方案进一步确定其安装高度和相应的安装高程；

5）进行各待选方案的经济技术比较和论证，以选出合理的水泵方案。

【例题】 某水泵站吸水池最低水位为 200m、正常水位为 202m、最高水位为 204m；排水池的水位 220m；水温为 30℃（相应的汽化压力为 0.43mH₂O）；所需的单泵最大供水流量为 0.23m³/s；水泵安装地点的高程为 205m。试选择水泵的型式，进行管路布置并确定水泵在各运行工况下的工作参数和水泵的安装高程。

解

（一）水泵的初步选型

水泵的设计流量为 $Q=0.23\text{m}^3/\text{s}$，管路水头损失初步按 $12\% H_D$ 估算，则水泵在正常工作时的设计扬程为

$$H = 1.12 H_D = 1.12 \times (220 - 202) = 20.16\text{m}$$

由此流量和扬程在水泵样本中查得双吸式 12Sh—19 型水泵（水泵吸水管口的直径为 300mm，比转速为 190）较为合宜。表 6 - 2 为 12Sh—19 型水泵的性能参数表，图 6 - 22 为其特性曲线。

表 6 - 2   12Sh—19 型水泵性能参数表

水泵型号	流量 Q		扬程 H（m）	转速 n（r/min）	功率 N（kW）		效率 η（%）	允许吸上真空高度 $[H_S]$（m）	叶轮直径 D（mm）	泵的重量（kg）
	m³/h	L/s			轴功率	配套功率				
	612	170	23		47.9		80			
12Sh-19	792	220	19.4	1450	51	55	82	4.5	290	660
	935	260	14		47.6		75			

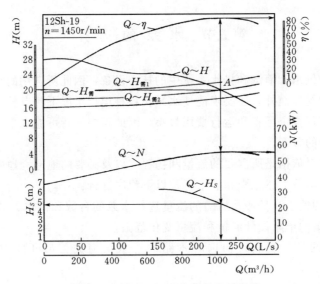

图 6-22 12Sh-19 型水泵的特性曲线

（二）管路布置

所选水泵的吸水管口直径为 300mm，出水管口直径为 250mm。因而吸水管和压水管均采用直径为 350mm 的铸铁管。按照地形、地质情况，管路布置如图 6-23 所示。

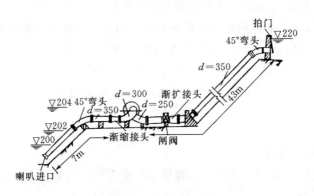

图 6-23 管路布置图

根据布置：吸水管长 7m，其上有喇叭进口、45°弯头及渐缩接头各一个；压水管长 43m，其上有闸阀、渐扩接头和出口拍门各一个及 45°弯头两个。

（三）管路水头损失计算

管路水头损失用 $\sum h = KQ^2$ 的形式表示，计算时将吸水管和压水管分别计算，其中包括有沿程损失和局部损失。对上述布置的管路经计算后得出

$$\sum h = h_B + h_H = (K_B + K_H)Q^2$$
$$= (6.375 + 37.798)Q^2 = 44.17Q^2$$

则水泵在不同流量下所需要的扬程为

$$H = H_D + KQ^2 = 18 + 44.17Q^2$$

在上式中给予不同的 Q 值，便可在图 6-22 上绘出管路特性曲线（中间的一条）。

142

（四）水泵运行工况的确定

在图 6-22 上，水泵 $Q\sim H$ 特性曲线和上述管路特性曲线相交于 A 点，A 点即为该水泵在正常情况下的工作点，水泵在该工作点的参数可由图上查得为：

流量　$Q=0.231\mathrm{m^3/s}$；　　　　扬程　$H=20.2\mathrm{m}$；

效率　$\eta=84\%$；　　　　功率　$N=56\mathrm{kW}$；

允许吸上真空高度　$[H_s]=4.6\mathrm{m}$。

上述参数说明流量和扬程均能满足要求（管路水头损失值与原估算值也基本相符），而且水泵也在高效率情况下工作，因而所选用的 12Sh-19 型水泵在性能上是满意的。

（五）确定水泵的安装高程

水泵的安装高程亦按吸水池最低水位来确定。当水泵在吸水池最低水位 200m 工作时，其管路特性曲线可按下列方程绘制：

$$H=(220-200)+44.17Q^2$$
$$=20+44.17Q^2$$

同样将此曲线绘在图 6-22 上（上面的一条），得出相应的工作点，并查得该工作点的参数为

流量　$Q=0.21\mathrm{m^3/s}$；　　　　扬程　$H=21.5\mathrm{m}$；

效率　$\eta=83.5\%$；　　　　功率　$N=53\mathrm{kW}$；

允许吸上真空高度　$[H_s]=5.4\mathrm{m}$。

同时计算得：

水泵吸水口流速　$V_1=\dfrac{Q}{\dfrac{\pi}{4}D_1^2}=\dfrac{0.21}{\dfrac{\pi}{4}\times 0.3^2}=2.97\mathrm{m/s}$

吸水管的水头损失　$h_B=K_BQ^2=6.375\times 0.21^2=0.28\mathrm{m}$

则水泵的安装高度 H_z 可按式（6-20）求得为

$$H_z=[H_s]-\frac{\nabla}{900}-\frac{V_1^2}{2g}-h_B-\left(\frac{P_B}{\gamma}-0.24\right)$$
$$=5.4-\frac{205}{900}-\frac{2.97^2}{2\times 9.81}-0.28-(0.43-0.24)$$
$$=4.25\mathrm{m}$$

所选择的水泵为卧式装置，其安装高程 Z_a 即为轴中心线高程，可按下式求得为

$$Z_a=\nabla_w+H_z-\frac{D_1}{2}$$
$$=200+4.25-\frac{0.29}{2}=204.1\mathrm{m}$$

为了说明水泵在吸水池最高水位 204m 时的工作情况，图 6-22 上还绘出了该工况下的管路特性曲线（下面的一条）及其工作点，并查得该工作点的参数为：

流量　$Q=0.246\mathrm{m^3/s}$；　　　　扬程　$H=18\mathrm{m}$；

效率　$\eta=83\%$；　　　　功率　$N=56\mathrm{kW}$；

允许吸上真空高度　$[H_s]=4.6\mathrm{m}$。

上述参数表明水泵在该工况工作时流量和扬程均能满足要求，而且保持有较高的效率。

第七章　水　泵　水　轮　机

第一节　抽水蓄能电站和水泵水轮机

一、抽水蓄能电站简介

在电力系统容量不断增长，负荷变化日益剧烈（在发达的资本主义国家，冬季最小与最大负荷之比一般达 $0.45 \sim 0.55$），以及大容量的火电机组和核电机组（目前世界上燃油机组的单机容量已超过 100 万 kW，核电机组已达 160 万 kW）大量投入，水电比重逐渐下降的情况下，使电力系统的峰荷补偿和夜间负荷不足的问题日趋尖锐。因此为了适应电力系统调峰填谷和调频的需要，以及改善供电质量和提高经济效益，修建抽水蓄能电站就成为一项刻不容缓的技术经济措施。

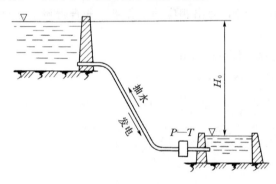

图 7-1　抽水蓄能电站示意图

如图 7-1 所示，抽水蓄能电站分设有上游和下游两个水库（简称为上库和下库）并形成落差，电站厂房内装设有抽水蓄能机组，在系统低谷负荷时，利用系统多余的电能将下库的水抽到上库以水的势能方式贮存起来；在系统尖峰负荷时由上库放水发电。所以抽水蓄能电站的工作是由发电工况和抽水工况组成的，抽水蓄能机组的工作也相应地由水轮机工况和水泵工况组成。

抽水蓄能电站根据利用水量的情况可分为两大类：一类是纯抽水蓄能电站，它是利用一定的水量在上、下库之间循环进行抽水和发电；另一类是混合式抽水蓄能电站，它修建在河道上，上库有天然来水，电站内装有抽水蓄能机组和普通的水轮发电机组，既可进行能量转换又能进行径流发电，可以调节发电和抽水的比例以增加峰荷的发电量。

由上述情况可以看出，抽水蓄能电站的工作方式是将下库的水抽送到上库，再由上库放水发电，与普通水电站比较增加了抽水过程的损耗，因而抽水蓄能电站的综合效率是比较低的，一般为 $65\% \sim 70\%$，性能较优的可达 $70\% \sim 75\%$。虽然抽水蓄能电站的综合效率较低，但它利用的是电力系统在低谷负荷时的多余电能，而提供的却是系统急需的峰荷电能，由此也就大大地改善了系统中火电和核电机组的运行情况，使其设备利用率提高、燃料消耗降低；同时由于抽水蓄能机组能在 $0.5 \sim 1\text{min}$ 内快速启动、并列，能适应负荷的急剧变化和担任系统的负荷备用和事故备用，对提高系统的供电质量和供电可靠性是很有益的。因此，抽水蓄能电站的投入运行会使电力系统中所有用电工业和企业的经济效益都随之提高，使国民经济也获得巨大的效益。

近年来，世界各国都在积极兴建抽水蓄能电站，据统计在 80 年代初已达 170 座，总装机容量达 6000 万 kW，其中装机容量超过 100 万 kW 的电站就有 30 余座。目前世界上规模最大的抽水蓄能电站是美国的巴期康蒂（Bath County）电站，其装机容量达 228 万 kW，1985 年开始投入使用。

我国自 60 年代开始，相继在岗南、密云和潘家口水电站上装设了抽水蓄能机组，运用以来经济效果良好。我国四个装机容量在 1000 万 kW 以上的大型电力系统中有三个系统的水电比重在 18％以下，因此不得不用大量的火电机组进行调峰，这样既耗费燃料又损伤设备，而且调节性能较差。以后随着大容量的火电机组和核电机组的投入，上述情况将更加严峻，为此各电力系统都已感到兴建大型抽水蓄能电站的紧迫性。据初步规划在 1991—2000 年兴建的大型抽水蓄能电站按地区划分有：华北的十三陵（装机容量 80 万 kW）、张家湾（100 万 kW）、雾灵山（100 万 kW）；东北地区的青石岭（100 万 kW）；华东地区的天荒坪（180 万 kW）、琅琊山（40 万 kW）、大河（60 万 kW）；中南地区的广州（120 万 kW）。可以想象，这些大型抽水蓄能电站的建成对提高我国电力系统的供电质量和经济效益将起很大的作用。

二、抽水蓄能机组的装置方式

抽水蓄能机组是抽水蓄能电站的核心设备，由于机组的水力特性和机械结构的不同，其装置方式可分为以下三种：

1. 四机分置式

这是一种最早的装置方式，它是将水轮发电机组和水泵抽水机组分开设置，这样各机组可发挥其特长，机动灵活地配合工作。但由于这种装置方式机组套数多，占地面积大，电站投资和运行费用也都较高，所以目前已很少采用。

2. 三机直联式

它是将水轮机和水泵与一台发电电动机同轴相联，后者既可由水轮机带动作发电机运行，又可作电动机带动水泵作抽水运行。图 7-2 为一立式装置的三机直联式机组的厂房，可以看出发电电动机装在主轴的上端，水轮机装在中间，水泵（双吸式离心泵）通过一个联轴器装在最下面，这是因为水泵所要求的淹没深度比水轮机大；还可看出这种装置方式需要两套压力水管、两个主阀和两套尾水管，由此厂房下部结构的尺寸要求很大。

3. 二机可逆式

二机可逆式是由一台水轮机和水泵两用的可逆式水泵水轮机和一台发电电动机组成，这种机组可以双向旋转，它向一个方向旋转时作发电运行，而向另一个方向

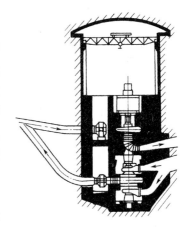

图 7-2　三机直联式机组厂房

旋转时作抽水运行。图 7-3 为一可逆式机组厂房，可以看出它和常规的地下水电站厂房基本一样，但机组的安装高程却要低得多；还可看出它比起前两种装置方式，减少了机组设备，也减小了厂房尺寸，大大节省了电站投资和运行费用，因而获得广泛的应用。

三、可逆式水泵水轮机的类型

可逆式水泵水轮机是利用反击式水轮机刚性叶片的可逆性质，即当发电机作为电动机反方向旋转时，便可使水轮机作为水泵运行而进行抽水。普通的反击式水轮机在水泵工况

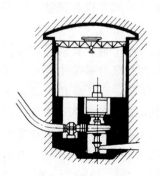

图 7-3　二机可逆式机组厂房

运行时效率较低，而在抽水蓄能电站上用的水泵水轮机，它无论是在水轮机工况和在水泵工况运行时都要求有较高的效率，所以两者是有区别的。现代应用的水泵水轮机按应用水头和水流在转轮中运动状态的不同也分为混流式、斜流式和轴流式三种：

1. 混流式水泵水轮机

混流式水泵水轮机最早于 1931 年在意大利的拉格、拜顿（Lago Baiton）电站上应用，其单机容量仅有 8000kW。以后经过不断地实践和改进，目前已发展成为广泛采用的一种机型，其应用水头范围为 20～600m。若超过此上限时可采用多级混流式水泵水轮机，但由于其结构复杂，而且当级数超过两级时无法采用常规的导水机构，故很少应用，因而目前正在研究把单级混流式水泵水轮机应用到 800m 范围的可能性。现在世界上应用水头最高的混流式水泵水轮机是日本东芝公司为保加利亚柴伊拉（Chaira）抽水蓄能电站生产的机组，它在水轮机工况运行时最大水头为 677m，发电额定出力为 21.6 万 kW；在水泵工况运行时最大扬程为 701m，抽水量为 21.3m³/s，转速为 600r/min，转轮直径为 3.52m。单机容量最大的混流式水泵水轮机是美国的腊孔山（Raccon Mt）电站的机组，它在水轮机工况运行时最大水头为 317m，发电额定出力为 38.25 万 kW；在水泵工况运行时设计扬程为 305m，抽水流量为 108m³/s，转速为 300r/min，转轮直径为 4.93m。

2. 斜流式水泵水轮机

斜流式水泵水轮机最早于 1957 年在加拿大的阿达姆—别克第二（Sir Adam Beck NO.2）电站运行，其单机容量为 3.4 万 kW。同样，目前也已发展成为中水头抽水蓄能电站上采用的高效率可逆式机型。斜流式水泵水轮机的叶片可以转动，它在水头和负荷变化较大的范围内都具有较高的效率，而且在以水泵工况运行时，能够按扬程的变化调整叶片的转角，以抽取所需的任一流量，它的应用水头范围为 25～200m。在国外已经运行的斜流式水泵水轮机中应用水头最高的是日本的高根第一（Takane I）电站的机组，它在水轮机工况时的最高水头为 136m，出力为 8.8 万 kW；在水泵工况时的最高扬程为 137.5m，抽水流量为 62m³/s，转速为 277r/min，转轮直径为 3.45m。最大单机容量是日本马濑川（Masegawa）电站的机组，它在水轮机工况时的最高水头为 105m，出力为 14.9 万 kW；在抽水工况时的最高扬程为 110m，抽水流量为 168m³/s，转速 180r/min，转轮直径 4.5m。

3. 轴流式水泵水轮机

轴流式水泵水轮机有立式、卧式和斜向三种装置方式，后两种适用于贯流式水泵水轮机组。轴流转桨式水泵水轮机的应用水头范围为 15～40m，由于转轮叶片可以调节，能适应于水头和负荷变化较大的抽水蓄能电站中；贯流式水泵水轮机适用于潮汐式抽水蓄能电站和低水头（$H<30m$）抽水蓄能电站中，目前世界上最大的灯泡贯流式水泵水轮机的单机容量为 1.0 万 kW，轴伸式为 2.67 万 kW。

由于抽水蓄能电站的经济效益随水头的增大而有明显的提高，所以在各种型式的水泵水轮机中，混流式应用的最多；斜流式在水头变化幅度较大的中、低水头的抽水蓄能电站中有一些应用；轴流式则应用的很少。

四、水泵水轮机的发展趋势

随着抽水蓄能电站的大量建设和规模的不断扩大，水泵水轮机也得到了飞速的发展，对其性能也提出了更高的要求。目前都趋于向高水头、大容量和高转速方面发展，这样可以减少机组台数，减小机组尺寸和降低引水流量以节省电站的造价和运行费用。为了不过分增大转轮的尺寸，现代设计趋向于将转轮直径保持在一定范围内而尽量提高比转速，但应注意提高比转速会引起水泵水轮机汽蚀性能的恶化，会要求有更大的淹没深度。

第二节 水泵水轮机的理论基础

可逆式水泵水轮机的工作原理主要是利用了反击式水轮机的可逆性质，它在运行时有水轮机工况与水泵工况，转轮的外缘和内缘分别为水轮机工况的进口和出口，也是水泵工况的出口与进口，根据转轮叶片与水流的相互作用原理便可写出两种工况下的工作力矩为：

水轮机工况

$$M_T = \frac{\gamma Q_T}{g}(V_{u1}r_1 - V_{u2}r_2)_T \tag{7-1}$$

水泵工况

$$M_p = \frac{\gamma Q_p}{g}(V_{u2}r_2 - V_{u1}r_1)_p \tag{7-2}$$

式中带有脚标"T"者均为水轮机工况下的参数，带有脚标"P"者均为水泵工况下的参数，以下同此。

在抽水蓄能电站中，当机组从一种工况转变为另一种工况时，水流的方向相反，转动的方向也相反，如果两种工况保持有相同的流量和相同的转速，则导叶的开度、转轮的尺寸和形状对两种工况的效率都有很大的影响。为了使水泵水轮机在两种工况下都有较高的效率，则转轮的叶片应有特殊的形状，若叶片内缘的安放角做的适当，可使水轮机最优工况下满足法向出口（$\alpha_{2T} = 90°$），在水泵最优工况下满足径向入流（$\alpha_{1p} = 90°$）的条件，则上二式便可写为

$$M_T = \frac{\gamma Q}{g}(V_{u1}r_1)_T \tag{7-3}$$

$$M_p = \frac{\gamma Q}{g}(V_{u2}r_2)_p \tag{7-4}$$

同时调节导叶的开度，亦可使在水轮机最优工况下满足无撞击进口，在水泵最优工况下水流出口的方向与导叶的转角相一致，由于 r_{1T} 与 r_{2p} 均为转轮的外缘半径，两者相等，所以借助导水机构便可保证：

$$V_{u1T} = V_{u2p} \tag{7-5}$$

$$M_T = M_p \tag{7-6}$$

上述关系说明在可逆式水泵水轮机的两种工况下，水流在转轮中的运动情况相接近时，就会得到很好的水力性能，可以使两种工况的转轮工作力矩保持最高而且相等。这也说明了具有刚性叶片的水泵水轮机的可逆特性，它可以保证以较高的效率在一种情况（正

向旋转）下以水轮机工况运行，而在另一种情况（反向旋转）下以水泵工况运行。

若忽略上、下游水库的水位波动，可以认为水轮机工况和水泵工况时的上、下游水位保持不变，即两者的毛水头 H_m 相同，再考虑到引水和输水管路的水头损失，则两种工况下的工作水头和工作扬程为：

水轮机工况 $$H_T = H_m - \sum h_T \qquad\qquad (7-7)$$

水泵工况 $$H_p = H_m + \sum h_p \qquad\qquad (7-8)$$

由式（7-7）、式（7-8）还可得出工作水头和工作扬程的关系为

$$H_p = H_T + \sum (h_T + h_p) \qquad\qquad (7-9)$$

实际上两种工况在引水和输水时应用的是同一条管路，所以水泵工况所需的工作扬程比水轮机工作水头约大两倍的管路水头损失。

由于可逆式水泵水轮机的转轮亦为有限个叶片组成（如混流式水泵水轮机的叶片数通常是 6 或 7 片，高水头转轮可用到 9 片），并考虑到水的黏性，则水流在叶道中运动时是有水力损失的，由此两种工况下的有效水头 H_{eT} 和有效扬程 H_{ep} 分别为：

水轮机工况 $$H_{eT} = H_T \eta_{ST} \qquad\qquad (7-10)$$

水泵工况 $$H_{ep} = \frac{H_p}{\eta_{Sp}} \qquad\qquad (7-11)$$

由式（7-10）、式（7-11）亦可得出有效水头和有效扬程的关系为

$$\frac{H_{ep}}{H_{eT}} = \frac{H_p}{H_T} \cdot \frac{1}{\eta_{ST} \eta_{Sp}} = \frac{H_m + \sum h_p}{H_m - \sum h_T} \cdot \frac{1}{\eta_{ST} \eta_{Sp}} \qquad\qquad (7-12)$$

若取 $\sum h_p = \sum h_T = 0.05 H_m$，取总效率 η 代替水力效率 η_S，又根据抽水蓄能电站的资料统计两种工况下的最高效率一般为 $\eta_p = \eta_T = 0.90 \sim 0.95$，则

$$H_{ep} = (1.22 \sim 1.36) H_{eT} \qquad\qquad (7-13)$$

因此在选择水泵水轮机时，应注意首先满足水泵工况所必需的扬程，然后按水轮机的运行工况进行校核。

以上是在两种工况下当流量、转速、毛水头和管路损失保持相同的情况下阐述了水泵水轮机的可逆特性，而实际上，根据工程的需要和水泵水轮机的特性这些参数是有差别的。

第三节　水泵水轮机的结构与特性

对不同型式的水泵水轮机在结构上的特点和能量、汽蚀特性分述如下。考虑到轴流式水泵水轮机很少使用，以下内容仅涉及混流式和斜流式水泵水轮机。

一、混流式水泵水轮机

1. 混流式水泵水轮机的结构特点

图 7-4 为苏联塔勒西茨蓄能电站的混流式水泵水轮机的结构图，其主要工作参数：水头 93.0～67.4m，转速为 136.3r/min，水轮机工况的出力为 10.4 万 kW；水泵工况的功率为 11.5 万 kW，抽水流量为 137.5m³/s。

可以看出这一水泵水轮机的结构型式大致与普通混流式水轮机相似，其不同之处主要表现在：水泵水轮机的转轮直径增大，而且 $D_1 > D_2$（图 7-4 示例中 $D_1/D_2 = 1.395$），叶

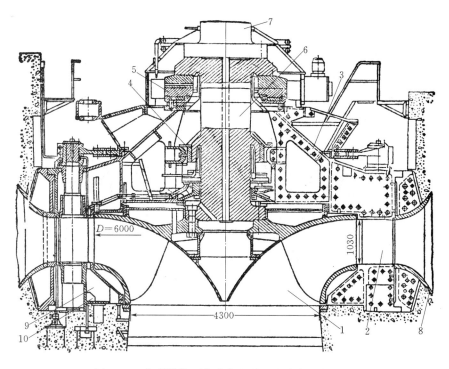

图 7-4　苏联塔勒西茨蓄能电站混流式水泵水轮机

1—转轮；2—导叶；3—顶盖；4—导轴承；5—推力轴承；6—主轴；

7—刚性联轴器；8—金属蜗壳；9—排水空腔；10—排水管

片数目减少，叶道较长，叶片形状也有所改变，这些都是适应水泵工况的需要而采取的措施；为了降低厂房高度，机组的推力轴承和水轮机导轴承都支承在顶盖上，因而顶盖和座环都具有很大的刚度和强度。

图 7-5 是目前世界上容量最大的美国巴斯康蒂蓄能电站的混流式水泵水轮机的结构图，这台水泵水轮机的特点是：转轮直径 $D_1 = 6.35\text{m}$，$D_2 = 3.355\text{m}$，两者的比值更大（$D_1/D_2 = 1.892$），其叶道显得更长；机组的推力轴承由一个锥形支架支撑在顶盖上，水轮机导轴承也支承在这个支架上，但其连接点的断面有意做得很小，使在顶盖发生位移后此点产生的局部变形，使水轮机导轴承处不产生扭转变形；座环为实体结构，顶盖和底环也都采用了具有很大深度的箱形结构；转轮止漏的转动环放在固定环的外面，可以避免转轮飞逸时因直径胀大而造成的密封接触，因而可以使用更小的配合间隙。它在两种工况下的运行参数为：

水轮机工况　　　　　　$H = 329\text{m}$，$N = 380\text{MW}$，$n = 257\text{r/min}$

水泵工况　　　　　　　$H = 335\text{m}$，$Q = 116\text{m}^3/\text{s}$，$n = 257\text{r/min}$

水泵水轮机的过流量都比较大，为了减小蜗壳尺寸，蜗壳进口流速可采用较普通水轮机略高的流速，其值可按下列经验公式计算[22]：

$$V_c = (2.6 \sim 2.75)H^{0.3} \tag{7-14}$$

式中 H 为水轮机工况的设计水头，蜗壳的水力计算亦可按普通水轮机蜗壳的计算方法进行。

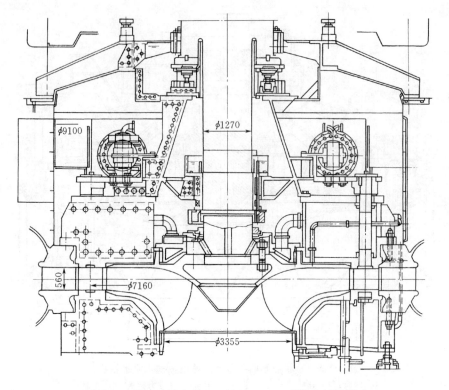

图 7-5　美国巴斯康蒂（Bath County）蓄能电站可逆式
水泵水轮机，1982（美国 A.C 公司）

可逆式水泵水轮机的尾水管，根据试验在两种工况下运行时，对其外特性的要求没有很大差别，故亦可按水轮机工况进行选择。

2. 混流式水泵水轮机的特性

混流式水泵水轮机转轮的叶片是固定的，所以它在水轮机工况下和在水泵工况下的特性是存在着矛盾的，这样就要求在设计制造时必须通过多次试验研究，找出合理的流道形状和翼型断面，使其特性在两种工况下都能达到最优。

如图 7-6（a）所示，普通混流式水轮机叶片的进口安放角 β_{e1} 都比较大（低比转速的

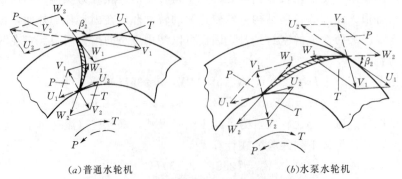

（a）普通水轮机　　　　　　　　　　（b）水泵水轮机
图 7-6　普通混流式水轮机与水泵水轮机两种
工况下转轮进、出口水流的速度三角形

150

水轮机 $\beta_{e1} = 90° \sim 120°$，高比转速的水轮机 $\beta_{e1} = 45° \sim 70°$），对水轮机工况有利。但当在水泵工况运行时，水轮机叶片的进口安放角 β_{e1} 便成为水泵叶片的出口角 β_{2p}，会导致出口流速 V_{2p} 过大，压能降低，而且水力损失也随之增大，从而使水泵工况的效率大为降低。为了使水泵水轮机在两种工况下都具有较高的效率，因而采取加大转轮外缘直径，增长叶道，改变叶型，使叶片在水泵工况下的出水角 $\beta_{2p} = 20° \sim 30°$，即接近于离心水泵叶片的形状，如图 7-6（b）所示。

水泵水轮机转轮的外缘直径一般要

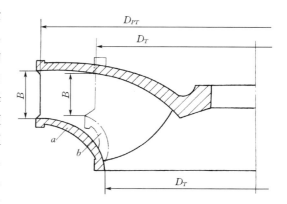

图 7-7　混流式水泵水轮机与普通水轮机转轮的比较
a—水泵水轮机转轮；b—水轮机转轮；
D_{PT}、D_T—转轮外径；B—转轮进口高度；D_T—转轮内径

比普通混流式水轮机转轮直径大 $1.3 \sim 1.4$ 倍，进口高度 B 亦有所增加，如图 7-7所示。

水泵水轮机在两种工况运行中，每种工况的变动幅度都较大，偏离最优工况的时间多，同样由于其水流情况的复杂，其特性也必须借助模型试验求得。模型试验与普通水轮机和水泵一样，由试验资料可首先分别绘制模型转轮在两种工况下的特性曲线，然后再经过相应的换算便可绘制出水泵水轮机的运转特性曲线，其形式如图 7-8 所示。该图的特点是将两种工况的特性曲线绘在一张图上，图中给出了在 $n_p = n_T$（称为单速式）时的流量 Q_P、Q_T，效率 η_P、η_T，轴功率 N_P、N_T 与水头 H 的关系曲线。

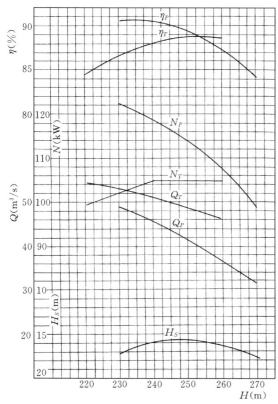

图 7-8　混流式水泵水轮机运转特性曲线

图中还给出了水泵水轮机的吸出高 H_S 与水头 H 的关系曲线，由于水泵工况的撞击损失和吸水低压区都集中发生在转轮进口处，故其临界汽蚀系数要比

水轮机工况大的多，所以该吸出高应由水泵工况控制，其计算公式通常采用与水轮机吸出高式（2-40）相同的形式，即

$$H_S = 10.0 - \frac{\nabla}{900} - k\sigma_P H_P \qquad (7-15)$$

式中　　k——安全系数，可取 $k=1.1\sim1.2$；

　　　　σ_P——水泵工况的汽蚀系数，可在水泵模型特性曲线上选取。

由图 7-8 上还可看出，在同一水头下水轮机工况的出力 N_T 要比水泵工况的功率 N_P 低一些，为求得两者的平衡，有些水泵水轮机采用在两种工况下具有不同的额定转速，称为双速式，而且使 $n_P>n_T$，以保证在相同水头下两种工况都能有最优的性能。但由于双速式机组尺寸较大，造价高，所以混流式水泵水轮机很少采用。

3. 混流式水泵水轮机的水力起动

混流式水泵水轮机在水轮机工况下的起动方式和普通水轮机一样，可先缓慢开启导叶以利用水力矩起动。但当在切换作水泵工况运行时，无法利用水力矩，因而需要一定的电动功率起动，尤其当机组容量较大时这种起动功率很大，严重情况下会破坏电力系统功率和电压的平衡。为了减小水泵工况起动的电功率，所采用的主要措施是降低起动时的负载力矩；在切换时首先关闭导叶，然后在转轮室通入压缩空气排水，当水位低到转轮以下时（至少 $0.5\sim0.8$m）停止充气，接着发电机作电动机的电力起动，使转轮在空气中空转，待升速并列后则排气充水。当导叶内侧的水压上升后，再慢慢开启导叶并调节其开度使在最优水泵工况下运行。

起初在导叶关闭后，在导叶间隙中还有相当一部分漏水存在，会造成水泵工况起动时的水力阻力矩，给机组的同步并列造成困难。对这种情况除了加强导叶的密封措施而外，还必须采用排水措施，使这部分漏水不经过转轮排出。如图 7-4 的实例中，在转轮外缘的下面有一空腔 9，导叶间隙的漏水经孔口可流入该空腔，然后由排水管 10 排至集水井中，在图 7-5 中也有类似的装置。

二、斜流式水泵水轮机

1. 斜流式水泵水轮机的结构特点

图 7-9 为苏联里布多夫斯卡——玛拉蓄能电站的斜流式水泵水轮机的结构图，其主要工作参数为：水头 $30\sim48$m，转速 136.5r/min，水轮机工况的功率为 5.03 万 kW，水泵工况的抽水量为 107m³/s，转轮直径 $D_1=5.0$m，有 8 个叶片，叶片转动轴与主轴成 45° 角，导叶高度 $b_0=1.35$m。可

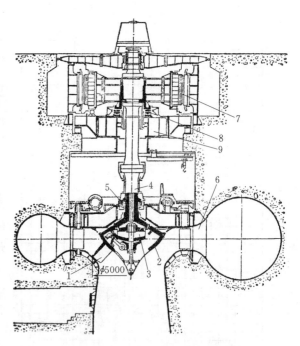

图 7-9　苏联、里布多夫斯卡——玛拉蓄能电站
斜流式水泵水轮机

1—转轮；2—轮毂；3—叶片转动机构；4—主轴；
5—导轴承；6—固定导叶；7—发电电动机；
8—推力轴承；9—下机架

以看出斜流式水泵水轮机的结构型式与斜流式水轮机是完全一样的，所不同的是转轮叶道较长，叶型较为扁平，叶片数有所减少。

2. 斜流式水泵水轮机的特性

单速斜流式水泵水轮机在水轮机工况和水泵工况的运行示意图，以及转轮进、出口速度三角形，如图 7-10 所示。由于转轮叶片可以转动，通过调速机构使叶片的转角与导叶的开度保持最优的协联关系，使在两种工况下均能保持有较高的效率，而且高效率区比较宽广，能够很好地适应水头和流量的变化。

斜流式水泵水轮机也可以采用双速式，有助于改善水泵工况的吸水性能和扩大运行范围。一般当 $n'_{10P}/n'_{10T}>1.03$ 时方可考虑采用双速式，并使 $n_P>n_T$。

图 7-11、图 7-12 给出了我国生产的 XN_1—LJ—250 型双速斜流式水泵水轮机分别在水泵工况下和在水轮机工况下的运转特性曲线。可以看出，当水泵工况的扬程在 31～59m，水轮机工况的水头在 28～64m 范围内，两种工况均有较高的效率。

由图 7-11 中显然看出，斜流式水泵

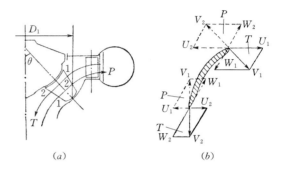

图 7-10　斜流式水泵水轮机在两种工况下
运行时转轮进、出口水流的速度三角形
P—水泵工况；T—水轮机工况

水轮机在水泵工况的最高效率点之后，再增大流量时，由于汽蚀系数出现急剧增大，使吸出高 H_s 亦急剧加深，当提高水泵的转速时，这种变化就较为缓和，因此采用双速式机组

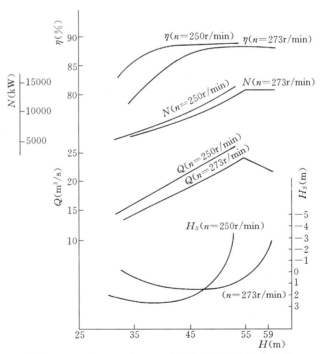

图 7-11　XN_1—LJ—250 型斜流式双速水泵水轮机
在水泵工况下的运转特性曲线

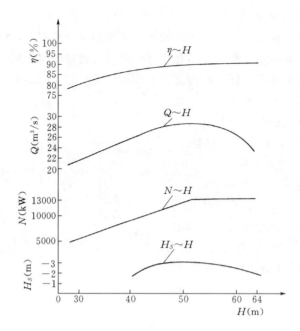

图 7-12 XN₁—LJ—250 型斜流式双速水泵水轮机
在水轮机工况下的运转特性曲线

会大有助于改善水泵工况的吸水性能。当希望能够在高扬程下提高水泵工况的抽水流量时，则必须选用更深的淹没高度，如日本的高根第一抽水蓄能电站，其斜流式水泵水轮机的吸出高 $H_S = -35\mathrm{m}$，而新冠抽水蓄能电站更深达 $H_S = -40\mathrm{m}$。

3. 斜流式水泵水轮机的水力起动

斜流式水泵水轮机由于转轮叶片可以转动，当切换作水泵工况运行时，可在导叶关闭后不再向转轮中充气压水，而是采取将转轮叶片调节至关闭状态。叶片在关闭后形成了一个圆锥面，在作电力起动后，转轮在水中旋转时并不带来很大的阻力损失，但却大大地简化了操作过程并缩短了起动时间。

第四节　水泵水轮机的选择

水泵水轮机的选择是在机组台数一定的情况下主要选择机型及其主要参数（包括转轮直径 D_{1T}，转速 n 和吸出高 H_S），这和普通水泵及水轮机的选择是不同的。水泵水轮机在两种工况下的运行特性从形式上看它们是没有直接联系的，但由于两种工况用的是同一转轮，而且往往又是同一转速，所以它们的运行特性又是紧密连系着的，而且这些特性又相互影响着蓄能电站的参数。因此在选择时要注意使两种工况都能在高效率区稳定工作，使抽水蓄能电站有较高的综合效率并且有良好的吸水性能以减小淹没深度。为此，就需要列出可能的方案，通过计算和综合分析比较，选出经济合理的方案。

在抽水蓄能电站上，考虑到输水系统的水力损失后，水泵工况的扬程均大于水轮机工况的工作水头，所以在选择水泵水轮机的参数时往往先从水泵工况入手，使水泵工况首先满足在高效率区运行的要求：一般在水泵的特性曲线上规定有一段适宜的工作范围，水泵在这一段范围内工作时，其下限效率与最高效率之差 $\Delta\eta$ 不超过规定值，否则就认为是不经济的，我国水泵使用中所应用的 $\Delta\eta$ 约在 $5\%\sim8\%$ 之间，对大型水泵则要求更严一些，如 $\Delta\eta=2\%\sim3\%$。然后由水泵工况的参数再去校核水轮机工况的运行范围，若此范围亦包括了水轮机工况特性曲线的高效率区时，则所选择的参数是满意的，否则可将其中的某些参数作适当的调整。

在确定水泵水轮机的安装高度时，应注意抽水蓄能电站上、下游水位在循环周期内的较大变化，因为这会导致水泵工况的扬程和吸出高的变化，所以对可能出现的不利工况都必须进行核算和比较（其中包括淹没深度的比较）以求得合理的吸出高。

以下就选择的程序和方法作进一步的说明：

一、基本资料

1）机组台数及单机容量。

2）两种工况的特征水头和特征扬程。

3）每天抽水、发电的运行规律及运行小时数。

4）蓄能电站所允许的最大淹没深度。

5）水泵水轮机模型试验资料、特性曲线及有关的技术经济资料。

二、机型的选择

在机型选择中不仅要着眼于机组的结构及设备的投资，而更应注意长期运行的效率和效益。目前我国生产上对水泵水轮机尚未形成系列，选型时可根据工作水头范围和扬程范围在表 7 - 1 中选择合适的机型，有时也可能有两种机型都能适用，则均应列入比较方案予以计算。

表 7 - 1　　　　各型水泵水轮机适用范围

型　式	适用水头范围 （m）	比转速范围 （m·kW）
混流式	$20\sim600$	$70\sim250$
斜流式	$25\sim200$	$100\sim350$
轴流式	$15\sim40$	$400\sim900$
贯流式	<30	

三、主要参数的选择

以下就混流式水泵水轮机的参数选择情况作一说明：

1. 转轮外直径 D_1 的选择

1）根据模型试验资料绘制水泵工况下的 $|n'_1|=f(-Q'_1)$ 及 $\eta=f(-Q'_1)$ 特性曲线。由于在水泵工况下，机组的旋转方向和水流方向均与水轮机工况相反，故将该曲线绘在以 $|n'_1|$ 为纵坐标，以 "$-Q'_1$" 为横坐标的图上，如图 7 - 13（a）所示。

2）根据允许的 $\Delta\eta$，在 $\eta=f(-Q'_1)$的曲线上作出水泵工况的工作范围，如图 7 - 13（a）上的 A 区，并由此工作范围向下查出相应的 n'_{1max} 和 n'_{1min}。

3）将上述 n'_1 值向右移向水

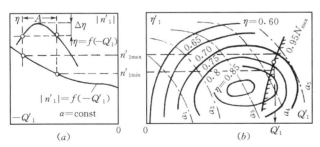

图 7 - 13　应用模型综合特性曲线选择水泵水轮机的参数
（a）水泵工况；（b）水轮机工况

155

轮机工况的模型综合特性曲线上去，并与出力限制线相交。在出力限制线上截取的范围内求得平均的 Q'_1，并以此 Q'_1 值作为水轮机工况的最大单位流量 Q'_1，如图 7-13（b）所示。

4）根据水轮机工况的额定出力 N_{Tr}、设计水头 H_{Tr}、上述最大单位流量 Q'_1 和选取的效率 η_T，便可求得转轮的外直径 D_1 为

$$D_1 = \sqrt{\frac{N_{Tr}}{9.81Q'_1 H_{Tr}^{3/2} \eta_T}} \qquad (7-16)$$

由于目前水泵水轮机的转轮直径也尚未形成系列，可建议将直径偏高选为 0.1m 的整倍数。

2. 转速 n 的选择

对于机组的额定转速 n 的选择亦可从水泵工况着手计算。机组在水泵工况运行中，转速 n 是不变的，对双速式水泵水轮机也只有在水泵工况切换到水轮机工况时，转速才有变化。

在水泵的相似率公式（6-10）中，取 $H_M = 1m$，$D_{2M} = 1m$，则 $n_M = n'_1$，并由此得出

$$H = D_2^2 \left(\frac{n}{n'_1}\right)^2 \qquad 或 \qquad n = \frac{n'_1 \sqrt{H}}{D_2}$$

对水泵水轮机，水泵工况转轮出口直径 D_{2P} 即是转轮的外直径 D_1，则水泵工况的转速可由下式求得：

$$n = \frac{n'_{1P\min} \sqrt{H_{P\max}}}{D_1} = \frac{n'_{1P\max} \sqrt{H_{P\min}}}{D_1} \qquad (7-17)$$

为满足式（7-17），式中的 $H_{P\max}$、$H_{P\min}$ 亦可作适当地调整。由此水泵工况的转速亦应选择为相邻偏高的发电机同步转速。混流式水泵水轮机一般均采用单速式，若当水泵工况的扬程范围，两种工况的效率和厂房开挖深度等不能满足要求时亦可考虑采用双速式。

3. 水轮机工作范围的检验

由以上所选出的 D_1 和 n 在水轮机工况的模型综合特性曲线上对其工作范围作初步检验，其单位参数的范围为

$$n'_{1T\max} = \frac{nD_1}{\sqrt{H_{T\min}}} \qquad\qquad n'_{1T\min} = \frac{nD_1}{\sqrt{H_{T\max}}}$$

$$Q'_{1T\max} = \frac{N_{Tr}}{9.81 D_1^2 H_{Tr}^{3/2} \eta_T}$$

上述单位参数在模型综合特性曲线上所包括的范围，若包括了高效率区在内时，则认为所选择的 D_1 和 n 是满意的，否则可以考虑调整水轮机工况的工作水头 $H_{T\max}$ 和 $H_{T\min}$ 以便将上述范围移向高效率区。这与普通水轮机选择的情况是有着原则区别的，因为普通水轮机的工作水头范围是由水能计算确定的，而且确定后也不再变更。

若这种水头的变更较大，对水泵工况带来不利的影响时，亦应进行反复验算，或采用双速式以求得适于两种工况的参数。

4. 吸出高的计算

在水泵工况的模型特性曲线上选取汽蚀系数 σ_P，则水泵水轮机的吸出高为

$$H_S = 10.0 - \frac{\nabla}{900} - k\sigma_P H_P$$

水泵水轮机在水泵工况的汽蚀现象和水泵十分相似，即在小流量时叶片进口背面容易发生汽蚀，在大流量时叶片进口正面容易发生汽蚀。因此在计算吸出高时应按最高、最低扬程及流量的要求，对这些工况进行计算，并选择其最小值。

计算中可将汽蚀系数选得大一些，以便使确定的吸出高有一定的裕量。吸出高 H_S 多为较大的负值，所以水泵水轮机一般均有较大的淹没深度。

四、绘制水泵水轮机的运转特性曲线

水泵水轮机的运转特性曲线可分别按水轮机工况和水泵工况依模型试验的成果进行换算和绘制。水轮机工况运转特性曲线的换算和绘制与普通水轮机完全一样，在第四章中已有所阐述。对水泵工况的运转特性曲线可应用式（6-10）相似率公式进行换算，即

$$H_P = H_{PM}\left(\frac{D_{2P}}{D_{2M}}\right)^2 \left(\frac{n_P}{n_M}\right)^2$$

$$Q_P = Q_{PM}\frac{n_P}{n_M}\left(\frac{D_{2P}}{D_{2M}}\right)^3$$

效率可采用下式进行换算[11]：

$$\eta_P = 1 - (1 - \eta_{PM})\left(\frac{D_{2M}}{D_{2P}}\right)^{0.165} \tag{7-18}$$

功率应用下式计算：

$$N_P = \frac{9.81 Q_P H_P}{\eta_P} \tag{7-19}$$

吸出高应用下式计算：

$$H_S = 10.0 - \frac{V}{900} - k\sigma_P H_P$$

由计算结果便可绘制出水泵水轮机的运转特性曲线，如图 7-8 所示。

以上所述的水泵水轮机选择的程序和方法是应用模型综合特性曲线进行的，但目前在很多情况下尚缺乏模型试验资料，在初选时就往往借助于在综合和分析各国典型机组的基础上所得出的经验公式来进行，待得到厂家所提供的模型试验资料后再作重新核算。

混流式水泵水轮机参数的初选可按下列经验公式[22]估算：

1）水轮机工况下最大水头时的比转速：

$$n_{ST} = \frac{1220 \sim 1500}{H_{T\max}^{0.4}} \tag{7-20}$$

相应的单位流量：

$$Q'_{1T} = (0.008 \sim 0.012)(n_{ST})^2 10^{-3} \tag{7-21}$$

2）在发电机额定出力 N_f（kW）和水轮机工况最大水头 $H_{T\max}$ 下的实际流量：

$$Q_T = \frac{N_f}{9.81 H_{T\max}\eta_f\eta_T} \tag{7-22}$$

式中发电机效率可取 $\eta_f = 0.97 \sim 0.98$，水轮机工况的效率可取 $\eta_T = 0.9$。

转轮外缘直径：

$$D_1 = \sqrt{\frac{Q_T}{Q'_{1T}\sqrt{H_{Tmax}}}} \qquad (7-23)$$

D_1 可偏高取为 0.1m 的整倍数。

3）转轮内缘直径：

$$D_2 = (0.05 \sim 0.06)D_1\sqrt{n_{ST}} \qquad (7-24)$$

4）导叶高度：

$$b_0 = (0.08 \sim 0.12)10^{-3}D_1(n_{ST})^{1.4} \qquad (7-25)$$

5）转轮总高度：转轮总高度如图 7-14 所示。

$$B = (5.4 \sim 5.8)10^{-3}D_1(n_{ST})^{0.8} \qquad (7-26)$$

6）导叶轴线的圈围直径：

$$D_0 \approx 1.2D_1 \qquad (7-27)$$

导叶数

$$z_0 = 20 \sim 24 \qquad (7-28)$$

7）座环外径：

$$D_a = (1.5 \sim 1.7)D_1 \qquad (7-29)$$

式中系数：小值用于水头 $H=80$m；大值用于水头 $H=600$m。

8）转速：

$$n = \frac{(52 \sim 54)n_{ST}^{0.1}\sqrt{H_{Tmax}}}{D_1} \qquad (7-30)$$

采用相邻偏高的发电机标准同步转速。

9）当水轮机工况下的水头在 80～600m 范围内时，水泵工况的吸出高：

$$H_S \leqslant 10.0 - \frac{1.1(n_{ST})^{4/3}H_{Tmax}}{5620 - 3.94H_{Tmax}} \qquad (7-31)$$

10）转轮重量：

$$G = \lambda D_1^3 \qquad (7-32)$$

式中系数 λ 可由图 7-14 查得，它与 D_2/D_1 和水头 H 有关。

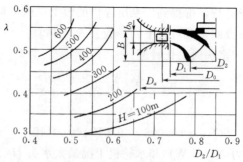

图 7-14　混流式水泵水轮机的各主要尺寸和
确定转轮重量的关系曲线

附表 1　　　　　混流式水轮机模型转轮主要参数

转轮型号	推荐使用水头范围 (m)	模型转轮			导叶相对高度 b_0	最优工况					限制工况		
		试验水头 H (m)	直径 D_1 (mm)	叶片数 z_1		单位转速 n'_{10} (r/min)	单位流量 Q'_{10} (L/s)	效率 η (%)	汽蚀系数 σ	比转速 n_s	单位流量 Q'_1 (L/s)	效率 η (%)	汽蚀系数 σ
HL310	<30	0.305	390	15	0.391	88.3	1220	89.6		355	1400	82.6	0.36 *
HL260	10～35		385	15	0.378	72.5	1180	89.4		286	1370	82.8	0.28
HL240	25～45	4.0	460	14	0.365	72.0	1100	92.0	0.2	275	1240	90.4	0.20
HL230	35～65	0.305	404	15	0.315	71.0	913	90.7		247	1110	85.2	0.17 *
HL220	50～85	4.0	460	14	0.25	70.0	1000	91.0	0.115	255	1150	89.0	0.133
HL200	90～125	3.0	460	14	0.20	68.0	800	90.7	0.088	210	950	89.4	0.088
HL180	90～125	4.0	460	14	0.20	67.0	720	92.0	0.075	207	860	89.5	0.083
HL160	110～150	4.0	460	17	0.224	67.0	580	91.0	0.057	187	670	89.0	0.065
HL120	180～250	4.0	380	15	0.12	62.5	320	90.5	0.05	122	380	88.4	0.065
HL110	140～200	0.305	540	17	0.118	61.5	313	90.4		125	380	86.8	0.055 *
HL100	230～320	4.0	400	17	0.10	61.5	225	90.5	0.017	101	305	86.5	0.07

*　装置汽蚀系数。

附表 2　　　　　轴流式水轮机模型转轮主要参数表

转轮型号	推荐使用水头范围 (m)	模型转轮			导叶相对高度 $\bar{b}_0$	最优工况					限制工况		
		试验水头 H (m)	直径 D_1 (mm)	轮毂比 $\bar{d}_B$	叶片数 z_1	单位转速 n'_{10} (r/min)	单位流量 Q'_{10} (L/s)	效率 η (%)	汽蚀系数 σ	比转速 n_s	单位流量 Q'_1 (L/s)	效率 η (%)	汽蚀系数 σ
ZZ600	3～8	1.5	195	0.333	4	0.488	142	1030	85.5	0.32	518	2000	77.0	0.70
ZZ560	10～22	3.0	460	0.40	4	0.40	130	940	89.0	0.30	438	2000	81.0	0.75
ZZ460	15～26	15.0	195	0.50	5	0.382	116	1050	85.0	0.24	418	1750	79.0	0.60
ZZ440	20～36 (40)	3.5	460	0.50	6	0.375	115	800	89.0	0.30	375	1650	82.0	0.72
ZZ360	30～55		350	0.55	8	0.350	107	750	88.0	0.16		1300	81.0	0.41
ZD760	2～6				4	0.45	165	1670						0.99 ($\phi=+5°$)

序号	水轮机型号	额定容量 (10^4kW)	应用水头（m）		设计流量 Q （m³/s）	效率 η （%）	转速（r/min）		吸出高 H_S 安装高程（m）	轴向推力（P_z）	
			H_r	H_{max}/H_{min}			n	n_f		P_S	G
1	HL008—LJ—550	30.8	100	114/70	348	92.5	125	250	−6/1615.5	750	198
2	HL200—LJ—550	30.6	112	126/81	307	92.5	125	260	−5/290	808	160
3	HL001—LJ—550	23.0	100	114/70	259	92.5	125	250	−4.7/16.5	800	
4	HL160—LJ—520	21.43	120	134.2/94.2	203	91.5	150	285	−3.5/622.5	800	
5	HL220—LJ—550	15.4	63.5	81.5/45.4	277	92.5	100	218	−4.5/88	800	
6	HL180—LJ—410	10.57	89	109.2/68.6	135	91.5	150	345	−2/206.5	450	
7	HL220—LJ—410	10.26	73	91/57	160	91.5	150	310	−2.5/108	450	
8	HL220—LJ—550	10.25	48	55.3/39.7	241	92.5	88.2	180	−1/467	600	
9	HL200—LJ—410	8.8	73	84.3/54.8	136.5		136.4	293	−10.5	300	60.45
10	HL710—LJ—410	8.2	60	74/55	155	91.9	136.4	280	−2/89.3	375	62.6
11	HL220—LJ—410	8.2	60	74/55	146		136.4	280	−2	375	62.6
12	HL009—LJ—410	7.95	73	84.5/57.8	123	91.5	150	290	+1.5/24	295	56
13	HL180—LJ—410	7.55	73	84.3/57.8	111.8	91.5	150	280	+1.5/24	242	53
14	HL220—LJ—410	7.73	60	74/47	146	91.4	136.4	280	−1.6/93	375	
15	HL160—LJ—330	6.7	95	98/94.8	81	91	214.3	380	+2.5/293	220	35
16	HL160—LJ—380	6.7	103	125/101.6	75	90	214.3	410	+2.5/131	240	
17	HL230—LJ—390	5.16	52	59/34	113	91	136.4	250	−1.1/57.9	260	
18	HL002—LJ—410	4.67	54	66/47	98	91	125	250	−0.5/878.6	400	
19	HL240—LJ—410	4.64	39	47.5/26	138.5	91.5	107	245	0/360	314	
20	HL240—LH—410	4.5	38	39.5/37	135	92	107	235	−1.3/ 1578.5	284	
21	HL004—LJ—210	3.85	270	318/260	16.2	91.3	500	820	−3.3/875.8	125	
22	HL160—LJ—200	3.54	142.7	144.9/134.2	31.7	90	375	760	−3.3/876	120	
23	HL160—LJ—200	2.61	107	133/97	27.7	90	375	725	−2.5/84.5	110	
24	HL160—LJ—140	1.86	137.2	149/130	15.4	90	600	1100	−3.5/323.6	70	
25	HL211—LJ—225	1.675	48.2	52.9/39	38.9		214	385	+2.0/146.3	46	14
26	ZZ560—LH—1130	17.6	18.6	27/10.6	1130		54.6	120	8/36.6	2800	
27	ZZ500—LH—1020	12.9	18.6	27/10.6	825	93	62.5	140	−7/36.6	2500	
28	ZZ440—LH—850	10.3	22	39.5/13	556		76.9	170	/112	2400	
29	ZZ560—LH—800	6.23	14.3	21.7/8	485	93	62.5	150	−1.4/41	1150	
30	ZZ010—LJ—600	5.16	30	52/15	197.5	91	100	250	−2.8/295.2	135	
31	ZZ440—LH—450	3.75	28	34.4/22	153	92	150	315	−6.5/18.5	560	
32	ZZ560—LH—550	3.72	18	212/16.4	250	90.8	107	235	−5.7/11345	515	
33	ZZ440—LJ—330	1.775	28.5	36/24.5	71.7	91	214.3	430	−2.9/18.6	300	
34	ZZ440—LJ—330	1.66	25.2	34/13.7	76.5	88	214.3	415	−2.5/89	253	32
35	ZZ013—LJ—180	1.3	67	78/35	22.5	88.7	500	1025	−9	185	
36	XLN—LJ—250	$\dfrac{1.3}{1.5}$	$\dfrac{46}{52}$	$\dfrac{64/28}{59/31}$	$\dfrac{28}{24}$	$\dfrac{89.86}{88.6}$	$\dfrac{250}{250/273}$	610	−3/88	$\dfrac{146}{146}$	
37	XL003—LJ—250	0.833	58	77/27.5	16.5	90	428.6	820	−8/2150	80	
38	GZ003—WP—550	1.0	6.2	10/3	199	92.5	78.9	215	−4.2		
39	CJ—L—$\dfrac{170}{2\times15}$	1.3	458	470/456	3.25	89.3	500	950			
40	2CJ—W$\dfrac{146}{2\times15}$	1.3	305	312.5/300.5	5.32	85.1	500	900			
41	2CJ—W$\dfrac{146}{2\times14}$	1.3	345	356.5/330	4.54	86	500	900			

机 主 要 参 数 表

转轮叶片数	轴承型式	密封型式	导叶数	接力器型式	蜗壳 型式	蜗壳 包角	尾水管型式	调速器型号	油压装置型号
14	圆筒式	水压端面密封	24	$2×\phi900$	钢板	345°	4H	JDT—150	YS—10
14	橡胶	橡胶平板	24	$2×\phi650$	钢板	341°	4H	JDT—150	YS—8—40
14	圆筒式	平板和水泵密封	24	$2×\phi750$	金属	345°	4H	DT—150	YS—8
17	分块瓦	端面密封	24	$2×\phi750$	金属	345°	4H	DT—150	YS—8
14	分块瓦	端 面	24	$2×\phi750$	金属		No28	DT—150	YS—8
14	橡胶		24	$2×\phi500$	金属	352.5°	4H	T—100	YS—4
14			24	$2×\phi550$	钢板	345°	4H	DT—100	YS—4
14	分块瓦	端 面	24	$2×\phi750$	钢板	345°	4H	DT—150	YS—8
14	圆筒式	轴向尼龙块	24	环形 $2×\phi550$	金属	350°	4H	T—100A	YS—4
14	圆筒式	轴向尼龙块	24	$2×\phi350$	金属	349.5°	4H	T—100A	YS—4
14	圆筒式	轴向尼龙块	24	环形 $2×\phi550$	金属	349.5°	4H	T—100A	YS—4
14	橡胶		24	$2×\phi550$	金属	345°	4H	T—100	YS—4
14	橡胶		24	$2×\phi550$	金属	345°	4H	T—100	YS—4
14	橡胶		24	$2×\phi450$	金属	345°	4H	T—100	YS—4
17	橡胶		24	$2×\phi450$	金属	345°	4H	T—100	YS—1.7
17	橡胶		24	$2×\phi450$	金属	345°	4H	T—100	YS—1.7
15	圆筒式	端 面	24	$2×\phi450$	金属	351°	肘形	DT—100	YS—2.5
15			24	$2×\phi450$	金属	350°	肘形	T—100	YS—4
14	分块瓦	端 面	24	$2×\phi450$	混凝土 金属衬	270°	4H	DT—100	YS—2.5
14	分块瓦	平 板	24	$2×\phi450$	混凝土	270°	4H	T—100	YS—2.5
17	圆筒式	端面和水泵	14	$2×\phi350$	金属	337°	肘管	DT—100	YS—1
17	圆筒式	端 面	16	$2×\phi400$	金属	351°5′	4H	T—100	YS—2.5
17	圆筒式	端 面	16	$2×\phi400$	金属	351°5′	4H	T—100	YS—2.5
17	圆筒式	端 面	16	$2×\phi400$	金属	345°	4H	T—100	YS—1.0
14	橡胶		16	$2×\phi350$	钢板	323.75°	No10	YK—100	YS—1.7
4	分块瓦	可调水压端面	32	环形 $2×\phi900$	混凝土	180°	$h=2.4D_1$	JDST—200—40	YS—40—40
5			32	摇摆式 $4×\phi650$	混凝土	180°			
6	分块瓦	可调水压端面	24	摇摆式 $2×\phi650$	混凝土	180°	4C	DST—200A—40	YS—20—2/40
4	圆筒式	石棉盘根	32	$2×\phi600$	混凝土	180°	4A	DST—150	YS—20
8	圆筒式	尼龙端面和水泵	24	$2×\phi750$	金属	246°30′	4H	JDST—150	YS—20
6	圆筒式	端 面	24	$2×\phi500$	混凝土	177°	4C	DST—100	YS—8
4	分块瓦	梳齿式炭精	24	$2×\phi550$	混凝土	135°	4C	ST—150	YS—8
6	橡胶		24	$2×\phi350$	金属	338°	4C	ST—100	YS—2.5
6	橡胶		24	$2×\phi350$	金属	338°	4C	PK—100	YS—1.7
8	圆筒式	水压式端面	16	$2×\phi350$	金属	344°	4H	ST—100	YS—1.0
10	圆筒式	端面尼龙	24	环形 $2×\phi410$	金属	340°		DST—125	YS—8
10	圆筒式	端 面	16	$2×\phi350$	金属	345°	4A	ST—100	YS—1.6
4	动静压式	活塞式	16	$2×\phi500$	灯泡式		直锥	SKDS—100	YS—8.0
20	油							PO—40	
22	油							PO—40	
22	油							W—900	YS—1

附录二　水轮机标准座环尺寸系列

附表 4　　　　混凝土蜗壳座环尺寸系列　　　　单位：mm

转轮直径 D_1	座环内径 D_b	座环外径 D_a	转轮直径 D_1	座环内径 D_b	座环外径 D_a
2500	3400	4000	6500	8550	9800
2750	3750	4300	7000	9250	10550
3000	4100	4700	7500	10000	11400
3300	4500	5150	8000	10400	11900
3800	5000	5750	8500	11050	12600
4100	5500	6350	9000	11800	13500
4500	6000	6900	9500	12350	14100
5000	6600	7550	10000	12900	14700
5500	7300	8350	10500	13450	15400
6000	8000	9150			

附表 5　　　　金属蜗壳座环尺寸系列　　　　单位：mm

转轮直径 D_1	座环内径 D_b		座环外径 D_a			
	$H=170$m 以下	$H=170$m 以上	$H=70$m 以下	$H=75\sim115$m	$H=115\sim170$m	$H=170\sim230$m
1800	2600	2600	3100	3100	3150	3200
2000	2850	2850	3400	3400	3450	3500
2250	3250	3250	3850	3900	3950	4000
2500	3400	3450	4050	4100	4200	4350
2750	3650	3700	4450	4550	4650	4750
3000	4000	4050	4700	4750	4800	4900
3300	4400	4450	5150	5200	5300	5400
3800	5000	5050	5800	5850	6000	6100
4100	5450	5500	6300	6350	6450	6600
4500	6000	6150	7100	7150	7200	7450
5000	6600	6850	7750	7800	7850	8200
5500	7300	7550	8550	8600	8700	9050
6000	8000	8200	9350	9450	9550	9850
6500	8550	8900	10000	10100	10200	10700
7000	9250		10800	10900		
7500	10000		11700			
8000						

主要参考书目及参考文献

［1］ 武汉水利电力学院编，水轮机（上册），电力工业出版社，1980。

［2］ 华东水利学院主编，水轮机（下册），电力工业出版社，1980。

［3］ 华东水利学院，华北水利水电学院编，水电站，水利出版社，1980。

［4］ 华中工学院程良骏主编，水轮机，机械工业出版社，1981。

［5］ 常近时等编，水轮机运行，水利电力出版社，1983。

［6］ 东北水利水电学校，水轮机，电力工业出版社，1980。

［7］ 华东水利学院等编，水轮机调节，电力工业出版社，1981。

［8］ 甘肃工业大学丁成伟主编，离心泵与轴流泵，机械工业出版社，1981。

［9］ 天津电气传动设计研究所编，水轮机设计与计算，科学出版社，1971。

［10］ 哈尔滨大电机研究所编著，水轮机设计手册，机械工业出版社，1976。

［11］ 机械工程手册，电机工程手册编辑委员会编，机械工程手册（第 13、14 卷），机械工业出版社，1982。

［12］ 水电站设计手册编写组，水电站机电设计手册（水力机械），水利电力出版社，1983。

［13］ 机电排灌设计手册编写组，机电排灌设计手册（上册），水利电力出版社，1977。

［14］ 温励强编，DT 型电液调速器，电力工业出版社，1980。

［15］ 天津发电设备厂，15000kW 斜流式抽水蓄能机组简介，1976。

［16］ 河海大学季盛林，武汉水利电力学院刘国柱主编，水轮机（第二版），水利电力出版社，1986。

［17］ 河海大学沈祖诒主编，水轮机调节（第二版），水利电力出版社，1988。

［18］ 武汉水利电力学院王永年主编，小型水电站，水利电力出版社，1990。

［19］ 梅祖彦，抽水蓄能技术，清华大学出版社，1988。

［20］ 大连工学院、天津大学、清华大学编，水力机械，大连工学院出版社，1988。

［21］ Г. И. 克里夫钦科著，蔡淑薇，等译，水力机械，电力工业出版社，1980。

［22］ Ф. Ф. 古宾教授主编，徐锐，等译，水力发电站，水利电力出版社，1983。

［23］ 深栖俊一著，徐树斌译，水泵水轮机的特性，水利电力出版社，1977。

［24］ А. Т. 特罗斯科斯基等著，耿惠彬译，水泵计算与结构，机械工业出版社，1981。

［25］ Л. П. 格良科等主编，吴仁荣等译，叶片泵，国防工业出版社，1982。

［26］ R. Т. 柯乃普等著，水利水电科学研究院译，空化与空蚀，水利出版社，1981。

［27］ Н. М. 沙波夫著，黄明忠等译，水电站水轮机设备，中国工业出版社，1964。

［28］ Л. П. 格连柯等著，刘宝第等译，《可逆式水力机械》，水利电力出版社，1987。

［29］ 草间秀俊、酒井俊道著，韩冰译，流体机械，机械工业出版社，1985。

［30］ Ю. У. 埃杰尔著，黄益生译，水斗式水轮机，机械工业出版社，1990。

［31］ 樱井照男，ター术流体机械とテイフユーサ，日刊工业新闻社，昭和 58 年。

［32］ 深栖俊一，水车の理论と构造，ユ学图书株式会社，1956。

［33］ С. А. Грановский 等，Конструкций и Расчт Гидротубии，Мащиностроение，1974.

［34］ Гончаров А. Н，Гидроэнергетическое оборудование Гидорздектростандий и его Монтаж，М Энергие，1974.

［35］ Акомпи С. К，Анализ особенностей и Исследование режимов работы Насосотубинных агрегатов гидроаккумулирующих электростаций ЛПИ，1976，28С.

［36］ Miroslav Nechleba，Hydraulic Turbines. Artia Prague，1957.

[37] Thiruvengadam A. Sym, On Cavitation Pesearch Facilities and Technigues, Pennsyivania 1964.

[38] Fox H. W. F, Operating and maintenace experience with Alcan's large hydaulic turines, Chicago 1970.

[39] Ando. J. et al, Research and Development of Large Capacity and High Head Francis Pump Turbines, Mitsubishi Technical Review, June 1972.

[40] William, P. Creager, Hydro—electric Handbook, 1950.

[41] И. А. Жежеленко, Выбор Силового Оборудования Гидроэлектричиских Станция, МЭИ, 1956.

ISBN 978-7-80124-627-1

9 787801 246271

定价: 26.00 元